读客文化

## —— 名家推荐 ——

感到"绝望",意味着生活触到了强硬的礁石。唯一可以自救的只有内心的柔性。或是坦然接受现实,让心情放松下来,放眼另寻出路;或是调动意志的弹簧,略作休整,再对这礁石发起一轮新的撬动。只要有这柔性,绝望之处便不是绝路。这种柔性的智慧,就在这本书中。

—— 杜素娟(华东政法大学文学教授)

当我读这本书的时候,会代入那些真心绝望的来访者的视角,去思考这本书能否对身处绝境的人有所帮助。我的结论是岸见一郎用温和坚定的口吻,分享了一些人们在重负之下无暇顾及的思维和道理。这会增强人的力量和信心,拓展人的意识,而这也恰恰是帮助绝望的来访者走出困境最重要的因素。

—— 史秀雄(资深心理咨询师、播客《Steve说》主播)

顺境使人发展,逆境促人成长,绝境令人开悟。愿你拥有面对绝望的勇气!

—— 张沛超(资深心理咨询师、香港精神分析学会副主席)

絶望から希望へ

# 有时真的很绝望

〔日〕岸见一郎 著

周颖琪 译

文匯出版社

**图书在版编目（CIP）数据**

有时真的很绝望 / （日）岸见一郎著；周颖琪译
. -- 上海：文汇出版社，2023.5

ISBN 978-7-5496-4015-7

Ⅰ．①有… Ⅱ．①岸… ②周… Ⅲ．①人生哲学－通

俗读物 Ⅳ．①B821-49

中国国家版本馆CIP数据核字（2023）第060604号

中文授权：© 2023读客文化股份有限公司
经授权，读客文化股份有限公司拥有本书的中文（简体）版权
著作权合同登记号：09-2023-0355

## 有时真的很绝望

作　　者 / ［日］岸见一郎
译　　者 / 周颖琪

责任编辑 / 邱奕霖
特约编辑 / 徐　成　　刘　芬　　顾晨芸
封面设计 / 陈　晨
内文插画 / 陈　晨　　周　末

出版发行 / 文汇出版社
　　　　　　上海市威海路 755 号
　　　　　　（邮政编码 200041）
经　　销 / 全国新华书店
印刷装订 / 三河市龙大印装有限公司
版　　次 / 2023 年 5 月第 1 版
印　　次 / 2023 年 5 月第 1 次印刷
开　　本 / 710mm×1000mm　　1/16
字　　数 / 188 千字
印　　张 / 16

ISBN 978-7-5496-4015-7
定　　价 / 55.00 元

**侵权必究**
装订质量问题，请致电010-87681002（免费更换，邮寄到付）

长辈常说："未来一片光明。"

可我却想："光明在哪儿呢？"

恶政，气候变化，未知病毒的蔓延，经济动荡，辛苦的工作和无法开花结果的爱情……

现代社会充满了从天而降的各种问题，而我们却对此无能为力。

今后，也许更应该说
"拥有未来是一种不幸"吧。

就在我心中充满了不安、愤怒和愁苦时，我在附近的一所大学发现了一张招募广告。

# 哲学研讨会

## 学员招募中

研讨
主题

# 你可以改变世界

讲师：岸见一郎

招募人数：若干

招募对象：年轻人，也欢迎社会人士

哲学讲座……

"你可以改变世界"？


对世界感到这么绝望的我也可以吗?

这么渺小的我也可以吗?

我真的可以改变世界吗?

话说回来，这个话题和哲学有什么关系，我也不是很明白……

而且，以年轻人为招募对象，指的到底是到几岁为止的年轻人呢?

进入社会第三年了，还能算是年轻人吗?

虽然脑中回荡着各种各样的疑虑，但我还是被"你可以改变世界"这句话吸引，不由自主地填写了报名表。

# 登场人物

**学员：A**
哲学专业大三学生，正在找工作。父母期望他从事的工作和他想要的人生之间存在分歧，他因此感到十分苦恼。

**学员：B**
进入社会第三年，对未来持悲观态度。目前从事销售工作，对指标当先的工作形式感到苦恼。因为已经订婚的对象悔婚，变得不再相信男性。

**学员：C**
进入社会第五年。如愿以偿地从事着与大众传媒相关的工作，但遇上一个会进行职权骚扰的领导，因此感到苦恼。想要改变动不动就变得消极的自己，想通过取得成功来获得自信。

**讲师：**
岸见一郎

# 目　录

## 第五讲　你可以改变世界 / 191

# 开讲

　　**岸见一郎**：我原本以为，这个研讨会不会有人来。

　　**C**：您要是这么想，就不会发布招募信息了吧？

　　**岸见一郎**：的确如此。

　　**A**：这个研讨会的主要内容是什么呢？

　　**岸见一郎**：光是我来讲，你们来听的话，会有些无聊。所以我想和大家对话。

　　**我想和大家一起思考"该怎样度过这一生""怎样才能过上幸福的生活"这些问题。从哪里开始聊都可以，怎么聊都可以。**

　　**B**：还挺随意的嘛。今天大家都是第一次见面，所以我觉得先做一下自我介绍比较好。你们觉得呢？

　　**岸见一郎**：那就先做自我介绍吧。

　　**B**：好的，那我先来。我是做销售工作的，今年工作第三年了。我参加这个研讨会的理由，说起来可能会让人觉得有点小题大做，那就是我对未来感到绝望。

现在的政治环境很糟糕；全球气候在不断变暖；公司的文化我不认同，但自己又没有能力改变；谈恋爱也不顺利……总之我就是对未来感到很悲观。就在这时我看到了研讨会的招募信息，觉得说不定能在这里找到解决问题的思路，于是就来参加了。

**A：** 我是大三学生，正在找工作。父母希望我去大公司工作，但是我喜欢画插画，觉得将来要是能以画画为生就好了。

虽然我在大学学的是哲学专业，对哲学相关的历史和人物有不少了解，但我还不知道，怎样才能将这些知识应用到生活里。我看了这个研讨会的招募信息，觉得和我所熟悉的哲学讲座有点不一样，于是就报名来参加了。

**C：** 我是做传媒工作的，今年工作第五年了。这就是我梦想中的工作，但我和现在的领导合不来，觉得很苦恼。我很容易从消极的角度看待事物，希望这一点能改改。我想改变现在的自己，取得成功，获得幸福。我希望这个研讨会能让我有所启发，所以报了名。

**A：** 请老师也自我介绍一下吧。

**岸见一郎：** 啊，不要叫我老师……其实，我已经很久没有像这样开研讨会了。最近我甚至连门都没怎么出，就待在家里，看看书，写写稿子，像这样一天天地生活。

我是哲学专业出身的。在大学之类的地方教过哲学和希腊语课程，也在医院的精神科做过心理咨询。在后面的讲座里，我会一点一点地向大家介绍更多关于我的情况。

接下来，让我们赶紧开始吧。

# 第1讲

# 想要幸福就必须成功吗

# "哲学"是什么

**A：**我和经济系的朋友一起去西服店里做兼职，店长问："你们在大学里都是学什么的？"我朋友学的是空间经济学。他回答说："我学的是动线[1]和销售额之间的关系。"店长听了以后说："真不错呀，很实用。"

然后店长问我："那你学的是什么呢？"我回答说："我学的是哲学。"店长问："哲学是什么？"我解释说："是思考为了拥有更好的活法该怎样做的学问。"

**岸见一郎：**如果是我的话，可能也会这样解释。

**A：**但是，店长接着问："可是这有什么用呢？"

**岸见一郎：**你是怎么回答的呢？

**A：**我答不上来。如果是空间经济学的话，还可以说有促进销售的用处。但是哲学的话，人们既不能靠它挣钱，又不能靠它吃饭……

---

1　动线是建筑与室内设计的用语之一。在店铺、商场等商业地产中，指的是通过建筑布局，让顾客自然走动、购物的线路。好的动线设计可以诱导顾客选购商品，更好地促进商品交易。——译者注（本书注释如无说明，均为译者注）

**岸见一郎**：所以，哲学是没有用的吗？

**A**：也不是……我也不知道。我来参加这个研讨会，也是出于这方面的困惑。

**岸见一郎**：原来如此。首先，我们有必要明确一下，"有用"和"没用"分别是什么意思。从一般人眼中的"有用""没用"的标准来看，哲学是没用的，因为学哲学并不能挣钱。但是，对挣钱没有帮助的学问，就真的没有用处吗？作为一个哲学研究者，我想说，不是这样的。

但是，**不先搞清楚哲学是什么，就没法弄清楚它到底有没有用**。"更好的活法"这个说法乍一听也是莫名其妙的，不是吗？"活着"这个说法就好懂多了。比如此刻，我们也像这样活着。但是，"好的"活法就让人摸不着头脑了。

---

**改变世界的起点**

多问"是什么""怎么回事"，思考事物的本质。

---

# 如果父母反对自己想走的人生路

**岸见一郎**：话说回来，A 同学在大学里学哲学专业，没有遭到父母的反对吗？

**A**：我本来不是为了学哲学而上大学的。我们是入学以后再选专业的，所以我听了各种各样的讲座，觉得哲学很有意思，就选了这个专业。

**岸见一郎**：那你还有什么别的想学的东西吗？

**A**：我一开始还想过学文学。

**岸见一郎**：真不错。大学刚入学的时候，你还没有想好要学什么，所以父母也没法反对吧。

**A**：如果我一开始就说要学哲学的话，他们肯定会说以后难找工作，会反对的吧。岸见老师当时就没有遭到反对吗？

**岸见一郎**：我母亲很开明，没有阻止过我追求自己想要的人生。我父亲则是对哲学几乎一无所知。

但是，估计我父亲就像你之前提到的店长那样，多多少少凭印象觉得"哲学就是这么个东西"。毕竟他知道，学哲学不挣钱。说起来，没准儿他身边真的有因为学了哲学而生活困苦的人呢。

我父亲似乎一直很担心我学了哲学以后，会不会想不开而自杀。曾经有一位学习哲学的学生名叫藤村操，他从华严瀑布纵身一跃，失去了性命，留下"不可解"之类的遗言。[1]我父亲可能听说过这件事吧，觉得我学了哲学以后，要是在人生问题上钻了牛角尖去寻死就糟糕了。也许是这样一想，我父亲就反对我学哲学了吧。

话虽如此，我父亲也没有亲自提出反对意见，而是怂恿母亲来反对我。只可惜，母亲的意见和父亲的并不一致。"孩子做的选择都是对的，我们还是默默地支持他吧。"我母亲说了这样的话。

后来，等我自己开始为人父母，才知道这样的话可不是轻易能说出来的。也多亏了母亲的支持，最后我也没遭到多少反对，就过上了自己想过的人生。

**A：**我现在正在找工作，父母告诉我，最好去稳定的大企业工作。但是，我想以画自己喜欢的插画为生。如果父母反对孩子自己想走的人生路，该怎么做才好呢？

**岸见一郎：**无视父母的反对就好了。

**A：**这样做可以吗？

**岸见一郎：**有什么不可以的？这是你自己的人生，轮不到父母来插手。

我记不清是什么时候了，曾经有一位父亲宣布认同女儿的婚姻，这件事上

---

1　1903年5月22日，东京第一高等学校的学生藤村操（1886—1903）在日光国立公园的华严瀑布投水自杀，在当时的社会上引起广泛关注。自杀前藤村操在旁边的树上刻有一篇辞世文《崖头之感》："悠悠哉天壤，辽辽哉古今。小小五尺之躯，想不透如此大哉问，霍雷肖之哲学有多少权威？万物之真相，一言以蔽之，曰'不可解'。心怀此恨，烦闷，终决一死。既立崖头，心中了无不安。始知，世间最大悲观、最大乐观，实为一致。"

了电视，引起了热议。然而不管父母认不认同，孩子的婚姻并不由父母说了算。除了跟父母表达"谢谢你们这么上心"这种程度的感谢，我希望孩子们还可以对父母说："我自己的人生，由我自己决定。"

**自己的人生，由自己选择。**

**改变世界的第一步**

自己的人生，自己来决定。

# 从质疑开始

**岸见一郎**："哲学"这个词源自希腊，其原意是"爱智慧"。这里的"智慧"，与其说是知识，不如说是让人更好地生活的智慧。这种智慧与年龄无关，与所学专业无关，与所从事的职业也无关，无论是谁都可以掌握。

**A**："好的活法"虽然是我刚才先提出来的，但具体来说，它到底是什么意思呢？

**岸见一郎**：是"对自己有好处的活法"，或者说"幸福的活法"。谁会主动追求不幸呢？或者说，谁会愿意牺牲自己呢？那样的活法对自己没有好处。

不过，"好的活法"和"正确的活法"并不是一回事。很多人可能会觉得，人只有贯彻正确的活法才会变好，才能变幸福。其中还有一部分人认为，就算偶尔犯下罪行或者撒谎，那也是为了自己好。然而，究竟怎样活着才算是"好的活法"，这不是一件明摆着或者想当然的事情。

**C**：那幸福又是什么呢？大家通常觉得，在社会上取得成功就是幸福。我自己也向往成功。

**岸见一郎**：这个问题的答案，留到接下来慢慢思考吧。很多人确实认为，只要成功就能获得幸福，因此想要取得成功。但事实果真如此吗？

想一想，大多数人认为理所当然的事情，还有社会上所谓的"常识"，都是正确的吗？思考要从质疑开始。

**改变世界的第二步**

质疑"理所当然"的社会常识。

# 和大家不一样也没关系

**岸见一郎：**在座的已经步入社会的学员，回顾一下学生时代，当时有想过自己大学毕业以后要干什么吗？

**B：**我当时就想找一家公司上班，现在也确实在上班。毕竟不上班就没法维持生活。您是想说，这也是一种想当然吗？

**岸见一郎：**这个世界上还有人没上过大学，还有人把上大学和找工作完全当成两回事来看待，不是吗？

**B：**确实有这样的人，但这不是普遍现象。

**岸见一郎：不同的人可以选择不同的活法。就算其他人都走那一条路，也不代表你也必须重复与他人一模一样的人生。**

我曾经在大学里教过书，那时候我在台上讲课，下面就有学生在我眼皮子底下做资格考试的真题集。我教授的课程是生命伦理学。这门课上会讨论器官移植之类的棘手议题，通常是由哲学老师负责授课。

我当时教的是护理系的大一学生，但大一学生没有临床经验，听这门课也提不起兴趣。学生只有与患者建立起联系，才会开始对生命伦理学产生兴趣。因此我跟学校方面提过，这门课应该面向大四学生而不是大一学生开设，但学校却以大四学生面临资格考试，还要忙于实习为理由回绝了我。反正生命伦理学和资格考试一点关系也没有，学生们肯定也是这么想的。所以，他们才能在老师眼皮子底下淡定地做着真题集。说不定他们觉得，自己这是在为了成为一名护士而拼命努力学习呢。

**A：**也就是说，哲学果然是一门没有用的学科吗？

**岸见一郎：**学生们的确会有这样的想法。我上高中的时候，也会上伦理、社会和宗教之类的跟大学入学考试无关的课程。因此在这类课上，大部分同学只是假装在听讲，有些人甚至连装也不装，直接光明正大地在下面学起了数学或英语。

但是我专心听了那些伦理、社会和宗教课，我的一个朋友也和我一样充满热情地听讲。他没有去上大学，因为他觉得就算去了，大学里也没有他可学的东西。在后来的好长一段时间里，我也不知道他在干什么。几年后我才听说，他在京都府丹后地区的山里过着独居生活。

从那以后又过了好多年，又听说他孤身一人移居去了泰国当记者，几年前在泰国病逝了。

据说，他曾经说过："没去上大学，是因为我当时太年轻气盛。嘴上说着大学里没有可学的东西，实际上还是应该去上大学。"不过，不是说非得上了大学才能学习。像他这样的活法也不失为一种选择吧。

**C：**但是他后来后悔了。所以说，还是选择常规的活法更保险吧？

**岸见一郎：**不要用自己的标准来衡量别人。

恐怕我的这位朋友也并不是想选一种保险的活法吧。他之所以后悔没去上大学，是因为高中毕业以后，随着人生经验积累得越来越多，他意识到

"大学里没什么可学的"这种年轻时的想法是错误的。他并不是在后悔没有取得那一纸大学文凭。

那些觉得大学毕业就能给人生上保险的人，别说理解我这位朋友的活法了，恐怕连"大学只是一个学习的场所"这一点都很难理解吧。

**改变世界的第三步**

过自己喜欢的人生，反常规也没关系。

# 不上大学也没关系

**岸见一郎**：如果孩子说不上大学，说中学一毕业就想工作，父母就会不明白孩子到底在想什么，有时还会因此感到恐慌。但其实父母能做的，就只有默默地支持孩子。

就算不去上学，也不妨碍孩子的终身学习。通过读书、向别人请教这类方式也能学习。反倒是在高学历的人群中，有些人一毕业就不再学习了。不去上大学，并不意味着从此以后不再学习。

所谓的学习，也不一定都能让人在社会上取得成功。只要学习自己喜欢的东西，就算没有取得成功，也并不意味着这个人会过上悲惨的人生。

**我认为，学历是没有意义的。在大学里进行四年的学习这件事，并不能影响人的一辈子。**

很多人非常看重学历，而我不太看重一个人从哪所大学毕业。不过我想知道，一个人在学生时代学的是什么，因此会对初次见面的人或者与自己合作的编辑提出这个问题。

你问别人，在大学里都学到了什么，有的人就会答不上来。如果一个人上大学只是为了取得文凭，或者认为上大学是找工作的必要条件，那么在大学四年里学到的东西就更不可能持续影响他一辈子了。

就算是那些拼命努力学习的人当中，也有很多人活跃在与他们年轻时所学的东西完全不相关的领域。大学老师也是这样的。一个好的研究者，并不会一直抓着同一个研究领域不放。因为**不管自己年轻时学的是什么，长大以后都可以去学完全不一样的东西。**

> **改变世界的第四步**
>
> 重要的不是学历，而是学到了什么。

# 先实现自己的幸福

**C**：刚才您提到"好的活法"，这在社会上的大多数人看来，指的是成为更好的人，还是指实现自己的幸福呢？

**岸见一郎**：两个方面都有。不先获得自己的幸福，就没法为社会做贡献。

**做自己喜欢的事情，并发自内心地感受到强烈的幸福感，从结果来看，这样做对周围的人也有好处。我希望大家能这样生活。不过，首先要找到自己喜欢得不得了的那件事。**

这些话可能听起来很极端，但我觉得我们可以这样想：只要我们自己的活法不给他人造成什么实质性的困扰，我们想怎么活都可以，而且这样也能为他人做出贡献。

**B**：追求自己的幸福，难道不会让人变得自以为是吗？

**岸见一郎**：不会的。说到底，只属于自己的幸福是不存在的，因为人并不是孤立生活在这个世界上的。

但是，不要觉得别人不能获得幸福，自己也就不能获得幸福。

**C**: 但我不明白，自己变幸福以后，其他人要怎么变幸福呢?

**岸见一郎**: 想想年幼的孩子，你就会明白了。孩子并没有让周围的大人变幸福这样的念头。但是，只是看到孩子的笑容，大人心中就会洋溢起一股幸福感。

**C**: 只有小孩才是这样的吧?

**岸见一郎**: 不是的，大人也好，小孩也好，都是这样的。

---

**改变未来的第五步**

做自己喜欢的事情，为他人带来幸福。

# 人生的目标

C：作为成年人，为了给自己和周围的人带来幸福，有些事情是不得不做的吧？

**岸见一郎**：比如什么样的事情呢？

C：进入社会上评价比较高的大学，认真学习；进入一流企业工作，挣很多钱之类的。

**岸见一郎**：也就是社会上通常所说的"取得成功"吧。取得成功就能获得幸福，就能给周围的人也带来幸福了吗？

C：是的。这样不仅我自己高兴，家人也会为我高兴。

**岸见一郎**：可是，小孩子明明什么也不用做，仅仅是他们的出现，就给周围的人带来了幸福，不是吗？

C：是的。

**岸见一郎**：一样的道理，换作成年人就行不通了吗？

C：行不通。如果成年人只是活着却没有产出，那还不如说是个累赘。

**岸见一郎**：那我们必须想一想，成功以后，就一定能过上幸福生活吗？

无论是谁，都有生病的时候，而且不是所有的病都能很快治好。就算是从事一线工作的人，有时候也会遇到需要长期住院，无法回归工作岗位的情况。恐怕你觉得生病的那个不会是自己，才会若无其事地说出"累赘"这样的话吧。

我父亲就因病在家休养过很长一段时间。在此之前，他白天从来都不在家，因此一开始有些不习惯。但能和家人一起度过这么一段时光，他觉得很开心。

按照常规活法生活的年轻人，就算从未对生活产生一点怀疑，也会因为某件意想不到的事情，开始为"就这样活下去没问题吗"而苦恼。

他们把这个想法告诉身边的长辈，长辈会说："别想那些有的没的，现在只要专心准备考试就好了。"

**很多父母认为"取得成功"就是人生的目标。父母让孩子上一流大学，**就是想让孩子取得成功。

可是，"获得幸福"才是人生的目标。大多数人认为，取得成功就能获得幸福，但是，事实并不一定是这样的。

刚才说到的我的那位朋友，恐怕就认为和大家的活法不一样也没关系。虽然后来他去当了记者，但一直在山里生活也不是不可以。他本来就对文化人类学感兴趣，可能是想去"猴学"[1]很有名的京都大学吧，但最后却去了泰国。他去当记者，大概也不是为了取得成功。

C：也就是说，就算取得了成功，也不能获得幸福，是吗？

**岸见一郎：**不是说不能获得幸福。只不过，我们必须想一想，如果只是

---

1 "猴学"这个词由京都大学名誉教授、京都大学灵长类研究所前所长河合雅雄（1924—2021）创立。河合雅雄通过对猴子的观察，不断思考着人类与自然、环境之间的关系。

为了获得私利而追求成功，这究竟是不是一件好事。

**A：**因为想要过上幸福的生活，所以不想追求成功，所以大学也不想去上。如果跟父母这样说，难道不会遭到强烈反对吗？当然，我说的是一般的父母。

**岸见一郎：**那就像我刚才说的那样，无视他们的反对就好了。

父母不能代替孩子为他们的人生负责。孩子也不会因为父母的一时反对，从今以后就放弃自己真正想做的事情。因为到头来，做选择的还是自己，不能把责任推给父母。

**A：**但是，如果自己做的选择没有得到父母的支持，那岂不是一辈子都要和父母闹矛盾吗？

**岸见一郎：**那么，因为父母反对，你就会放弃自己喜欢的生活了吗？

**A：**不会的。去做自己喜欢的事情，过幸福的生活，这样最好。

**岸见一郎：**那样的话，**只管走自己的路就好，没必要为了父母而活。**

**C：**但是，有了追求成功的人，有了竞争，社会才会成长和发展，不是吗？如果所有人都不想成功，社会岂不是会逐渐倒退吗？

**岸见一郎：**"所有人"都不想追求成功，是不可能的。但是我觉得，如果大多数人不想成功就会导致社会倒退的话，那就让它倒退吧。因为就算在一个贫困的社会里，人也不一定就会变得不幸啊。

> **改变未来的第六步**
>
> 以幸福而不是成功为目标。

# 想要幸福就必须成功吗

C：说到贫困和幸福不矛盾这一点，我联想到另一种情况。假如在社交网络上看到别人开着高档车兜风、住在豪华的房子里之类的照片，就会觉得他们看起来很幸福，并希望自己也能过那样的生活，觉得羡慕。

岸见一郎：那些人只是希望大家来点赞。他们不是"过得"幸福，而是"希望自己看起来"过得幸福。他们希望别人说"你看起来好幸福啊"。但是，看起来幸福，实际却不幸福，有什么意义呢？

B：也有人觉得，得到别人的点赞，或者被人认为过得很幸福，也是一种幸福。不是吗？

岸见一郎：矢野显子有一首歌叫《幸福》（Happiness）。歌词里说，我和看起来很幸福的一个女孩交换了人生，却发现那女孩一点也不幸福。

坐高档车、住豪宅这些事情，与其说它们是幸福本身，还不如说是获得幸福的手段。通过这些手段，到底能不能获得幸福，那就是另外一回事了。

比如说，人们通常认为挣钱是一种获得幸福的手段，但有的人为了挣到大钱，最后落了个身败名裂。反倒是有些人虽然没有钱，过着朴素的生活，但从这种生活里感受到了幸福。

C：如果不是为了获得别人的关注，而是单纯从吃美味的食物、享受娱乐活动这些事情上获得幸福感的话，还是需要用钱吧……

**岸见一郎**：吃了好吃的食物的确会感到满足。但是我们并不只是为了这种满足感而活。如果只是为了短暂的幸福感去挣钱、去追求成功，那就是本末倒置了。

C：那成功和幸福是不可兼得的吗？如果非要二选一的话，也太极端了，让人感觉不太现实。

**岸见一郎**：那你现在已经取得成功了吗？

C：我算是实现了自己的梦想，但说不上是成功。

**岸见一郎**：你觉得要怎样才算得上是成功呢？

C：拿我自己来说的话，就是在公司出人头地，在工作上做出成绩。

**岸见一郎**：也就是说，你现在不幸福是吗？

C：因为我还没取得成功啊。

**岸见一郎**：你不幸福吗？

C：……也不能说一点都不幸福，但还没到能让我充满自信地说出"我很幸福"的程度。

**岸见一郎**：如果只想着现在还没实现的事情过活，那才是不现实呢。**无论成不成功，思考当下应该怎样，才是现实**。

取得成功之前的人生，不是彩排，也不是虚假的人生。人生只有一次，就是我们现在正在过的这一次。

**改变世界的第七步**

不要为了未来的成功而忽视当下。

# 幸福感不是幸福

**岸见一郎**："幸福"和"幸福感"不是一回事。我们得想清楚，人在什么时候会感觉自己是幸福的。

举例来说，人喝醉以后，会觉得非常畅快。那个时刻可能确实能给人带来幸福感，但我认为，那种幸福感和幸福是不一样的。

幸福感就像醉酒一样，是会醒的。如果和大家在一起时很开心，回到自己的房间后就很落寞，那只能说是有幸福感，不能说是幸福。

**想要真正获得幸福，就必须知道怎样做才能实现幸福生活这个目的，以及能实现这个目的的手段。从这个层面来说，幸福是一种智慧。**

那么，人在什么时候会感到幸福呢？我本来想稍后再聊这个话题，但在这里我先简单提一下，那就是：**人在感受到自己做出贡献的时候，就会感到幸福。通过某种方法，感到"我帮得上别人的忙"的时候，人就是幸福的。**

**C**：我还从来没有这样想过。为什么有贡献感就能感到幸福呢？

**岸见一郎**：贡献感是不太容易解释清楚的，就像让人在夏日酷暑中体会冬季严寒一样难。话说回来，冬天的严寒至少每个人都是亲身体验过的，所以要理解贡献感这件事，其实比在夏日里体会寒冬还要难。不自己亲身体会一次，是没法体会贡献感的。

**A：**我觉得我能理解。比如，我提议的西装搭配有客人喜欢的话，我就觉得很高兴。这是贡献感吗？

**岸见一郎：**这也算一种贡献感。但是你没办法保证所有人都喜欢你的提议。而且，贡献不是指你做了什么，或者接下来要做的事情对别人有什么用处。这一点可能不太容易体会。

举例来说，有人生病了，没法自由活动身体。

**重点在于，在因病不能自由活动身体的时候，还能不能觉得自己对他人来说依然有用。要产生这种感觉，必须先抛弃"什么都不做就派不上用场"的观点。**

人生病之后，还有可能丢掉工作。如果是在正规企业，就算休病假了也能得到保障，病好之后也能回归岗位。但如果是劳务派遣人员，一旦生病就会被抛弃吧？

我曾经做过外聘教师，在我自己生病倒下那会儿，对方得知我下星期不能去上课，马上就把我解雇了。这就是现实。

但就算这样，也并不意味着我失去了价值，也不意味着我对他人来说没有用处。如果人不工作就没有用处，那还没开始工作的孩子，岂不是没有价值了吗？

**C：**我还是有点没搞懂。幸福就没有什么看得见摸得着的、简单易懂的标准可以衡量吗？

**岸见一郎：**没有。幸福本来就不是可以量化的东西，所以没法衡量。成功就很容易衡量，可以用学历、地位、金钱等情况来作为指标。但是，幸福没有这样的指标。

**C**：不是有"幸福度"这样的说法吗？

**岸见一郎**：如果非得参照这些东西才能判断自己幸不幸福，那也太奇怪了。更何况，每个人心中都有不一样的幸福。就算和其他人一样，自己也不一定幸福。还有些幸福是他人很难理解的。

比如说，有人放着家里的大公司不去继承，有演艺圈的人在人气爆棚的时候隐退，这都会让很多人难以理解。但是，能做出这种决定的人，不会认为成功就意味着幸福。

无论他人怎样阻拦，只要我们自己不幸福，生活就没有意义。

**改变世界的第八步**

幸福就是贡献感。

# 活着就是价值

**岸见一郎**：生病的时候，我体会到了**"只要自己活着"**就是对他人做出**贡献**。这是让我感到**"幸好生了这场病"**的理由之一。当然，说**"幸好"**有些夸张了。

一开始我也很消沉，但后来我知道了，仅仅是因为我活着，就有人感到高兴。我保住了自己这条命，至少我的亲人会为此感到喜悦，我的朋友也应该会为此感到喜悦。

**B**：换成我的话，我会觉得自己什么都做不了，感到很沮丧，很难会有您说的那种心态。要怎样做，才能用您说的那种方式看待自己呢？

**岸见一郎**：换位思考一下就明白了。如果生病倒下的是你的家人或者亲密的好友，你无论如何都会希望他们能活下来，只要他们活着你就会感到高兴。反过来也是同理，你活着对别人来说也是一件值得高兴的事情。仅仅是活着，就能对他人做出贡献。你们不这么觉得吗？

就算什么也做不了，但自己仅仅只是还活着，就能让他人感到喜悦。从这个角度来说，只要活着就是在对他人做贡献，就是有用。这么一想，就会

觉得 "自己是幸福的"。我想说，就算大家现在没法立刻转变想法，但我希望人们在未来能够这样去想，尤其是对像你们这样的年轻人来说。

因此，这个研讨会的最终目标是：**就算自己什么也不做，就算自己仅仅只是活着，也要能感受到自己的价值。要能感受到，自己此时此刻的存在本身就是幸福。**

话虽如此，当今社会恐怕不太能接受这种观点。我甚至觉得，社会上大多数人的处境正好和这相反。因为他们被别人用 "能做到什么" 来评价。

**C**：是的。工作不就是这样吗？只有做出成绩才行。

**岸见一郎**：的确如此，不工作的人就没法做出成绩，不做出成绩就没有价值，这个人就没有用处。是这样吗？不是这样的。

就算社会常识认为，一个人的价值要通过他能做到什么来评判，我们也要去怀疑，事实究竟是不是这样。的确，现在社会的主流价值观很看重生产力、经济价值和效率，而病人和老人没有生产力，因此就会被抛弃。

有些人甚至能心平气和地说：就算传染病蔓延开来，老人死了就死了，年轻人要生活，不能停止生产。

**B**：如果什么都做不了，干脆选择安乐死怎么样？只要不给任何人添麻烦。

**岸见一郎**：日本法律目前还不认可安乐死的合法性，如果有人要死，你帮忙实施了的话，就是犯了参与自杀罪[1]。就算未来哪天安乐死合法化，我也认为，赞同安乐死是非常危险的行为。因为安乐死不仅仅是某个个人的问题。

---

1 《日本刑法典》第二百零二条规定：教唆或者帮助他人自杀，或者受他人嘱托或得到他人承诺而杀之的，处六个月以上七年以下惩役或者监禁。

有的人觉得，就算身体不能活动，也想活下去；有的人遇见同样的情况，则会选择去死。这样一来，可能就会有人责怪生病的人："动都动不了了，你为什么还不去死呢？"越是会说出这种话的人，就越是会想在自己失去行动能力以后，通过一切手段活下去。生而为人，想活下去是理所当然的。

如果安乐死不是自己的选择，而是被别人判断为"这个人生病了，没必要继续活着，因为从生产力的角度看已经没有价值了"，由此强制执行安乐死的话，那就更恐怖了。

相模原事件[1]也是这样。该事件中的犯人说过，他认为这个世界上一定会有人支持自己的行为。他造成了那么多人的死伤，但要说是不是所有人都会觉得他很残忍，那可就不一定了。说不定有人认为，必须有他这样的人出来做这种事，还有人会对他的所作所为点头称赞。太可怕了！

就算是从这层意义上来说，如果不认为活着本身就是价值，也是一件危险的事情。总之，我们必须创造这样的社会，让大家觉得彼此活着这件事本身就已经值得感激。

**B**：但是，也有人自己选择结束生命。如果每个人都想求生的话，为什么会有人想安乐死呢？

**岸见一郎**：有人选择安乐死，据说是因为不想给其他人添麻烦。自己的身体不能自由活动，需要别人看护，这是一件很辛苦的事。

**B**：实际上怎样呢，是真的很辛苦吗？

---

1　指的是2016年7月26日凌晨，日本一男子持刀闯入神奈川县相模原市一家残障人士疗养院杀死19名残障人士，并导致25名残障人士受伤的事件。嫌疑人在接受审讯时表示，"残疾人之类的最好都消失……现在把他们杀死是在拯救他们"。

**岸见一郎**：真的很辛苦。但是，不会让人觉得麻烦。

你肯定也有过向他人寻求帮助的经历吧？

**B**：有的。有一次我坐电车的时候因为贫血而晕倒了。

**岸见一郎**：没有人帮你一下吗？

**B**：有人帮忙的，给我让了个座位。

**岸见一郎**：那你觉得自己给别人添麻烦了吗？

**B**：是的，真是不好意思。

**岸见一郎**：但是，帮助你的人不这么想吧。如果换成你帮了别人，你会怎么想呢？

**B**：那肯定是，不会觉得麻烦啊。

**岸见一郎**：对吧？反过来也是同样的道理。护理病人很辛苦，但受人照顾并不是给别人添麻烦。

**B**：原来如此。对需要帮助的人伸出援手，是因为自己想这样做才做的吧，并不是谁给谁添麻烦的问题。

现代社会进入老龄化阶段，经常会听到针对护理问题的讨论。如果是我自己的父母需要护理，有什么我可以做的吗？

**岸见一郎**：你能做的，就是帮助父母产生"想活下来"的念头。

**B**：为了让他们产生这种想法，具体应该怎样做呢？

**岸见一郎**：什么都不做也可以。只要陪在他们身边，他们就很高兴了。

经常有家长来找我咨询，说他们家的孩子不肯上学，我总是告诉他们："想想看，孩子在家好好地活着，这就已经值得感激了。"

但是，很多家长没有办法这样想。大多数家长坚定地认为，孩子应该去上学。

我经常对人说，不妨这样想，只要孩子还活着，这就已经值得感激了。当然，孩子不能一辈子在家里躲着，但这不是现在，不是孩子还在家躲着的时候该思考的问题。

反过来也是同理，如果年轻人看待父母的心态也是"只是活着就令人感激"，这种心态本身就能给父母带来安慰。父母能感受到孩子的心意，因此也会产生"想活下来"的念头。

**改变世界的第九步**

活着就是贡献。

# 学会区分自己的课题与别人的课题

**岸见一郎**：看待孩子也是同理。

让我们再展开说说孩子不想上学的问题。如果家长能认为"孩子活着就值得感激"，那么就算孩子待在家里，家长也不会觉得烦躁。就算孩子什么也不会做，也不去工作，就"宅"在家里，家长也能放平心态，觉得孩子又平安无事地活过了一天，真好。

这样一来，孩子也会觉得自己活着就是值得感激的。只要产生这样的想法，孩子就会向前迈出新的一步。

家长要想这样看待孩子，**首先要意识到，孩子的人生是孩子自己的课题，而不是父母的课题。就算是为人父母，也不能对孩子的人生说三道四。**

**A**："孩子的课题"是什么意思呢？

**岸见一郎**：这要看某件事的结果最终会落到谁头上，某件事的最终责任要由谁承担。这样一想就明白了，"某件事"究竟是谁的课题。

比如说，学不学习这件事，是谁的课题呢？

**A**：是孩子的课题。

**岸见一郎**：没错。但很多家长没法这样想，所以孩子不好好学习的话，家长就会让孩子好好学习。但是，如果这件事是孩子的课题，家长就不应该干涉。

**A**：比如说，因为孩子不好好学习，所以没能进入名校就读。如果因为这件事，出现孩子妈妈被其他的妈妈朋友瞧不起或被职场的同事冷眼相看的情况，那就相当于家长也受到了影响。那是不是可以说，这件事也可以成为家长的课题呢？

**岸见一郎**：不是这样的。仅仅是因为家长想要被朋友或同事瞧得起，就让孩子必须好好学习，这太奇怪了。

因为讨厌被人瞧不起，所以必须做点什么，这确实是父母的课题，但这个课题不能丢给孩子来解决。因为妈妈说了"为了不被其他的妈妈朋友瞧不起，你好好学习吧"，孩子才好好学习，这是不行的。

要不要好好学习，是由孩子自己决定，自己负责的。**我希望家长也是，不要管周围的人怎么说，都要有能放话说"学习是孩子的课题，我不干涉"的气魄。我希望父母能成为孩子的伙伴。**

**A**：也就是说，接下来的人生要怎样度过，也是孩子的课题，要由孩子自己决定，是这样吗？

**岸见一郎**：是的。所以，就算孩子说想在家里躲一阵子，我希望父母也能尽可能地去帮助孩子。当然，父母不可能一直活在孩子身边，但这个问题只能到时再考虑了，毕竟孩子现在的情况就是这样。

父母能做的，就是把此刻孩子还活着当成一种幸运，仅此而已。这样一来，之前一直对孩子的人生指手画脚的父母，终于也能变得不再多嘴了。与此同时，孩子自己也会开始下定决心，今后自己的人生必须靠自己决定了。

我之前接触过很多父母，发现正是他们为了孩子好而抱有的那些想法，推动孩子形成了不想出门的状态。

我遇到过家长结束咨询两年后，孩子又来做咨询的情况。孩子来了以后最先问的是："最近父母对我很冷淡。之前他们为了我明明那么努力，又是去看精神科医生，又是去做咨询的，最近别说是对我有兴趣了，简直就是只顾着沉迷工作了。今天到这里来，我想和您讨论，接下来我该怎样度过自己的人生呢？"

从今以后要活出怎样的人生，就是孩子自己的课题了。原本孩子可能觉得，父母总归会为自己做些什么，但现在不能再依靠父母，父母也不可能一直陪在自己身边。孩子意识到这样下去，父母去世后，自己就没法生活了。一旦孩子这么想，就会开始活出自己的人生了。

**A：**如果父母什么都不干涉的话，孩子会不会就这么满足现状，最后什么也不干了呢？

**岸见一郎：**不会的。父母无法决定孩子过怎样的生活，不管孩子活成什么样，父母能做的，就是接纳孩子原本的样子，并默默地支持孩子，仅此而已。但家长很难想开。总之，以上一切的**出发点是"让孩子体会到，自己活着就有价值"**。

平时大家总会说"这样下去是不行的"，因此认为孩子必须做些什么，必须变得独一无二。在这种情况下，一旦孩子觉得凭自己的能力无法满足大人的期待时，就会认为自己没有价值，变得不想再跟人产生联系了。

**原本认为只有变得独一无二才能得到认同的孩子，如果能认为"做现在这样的自己就好"，就一定能找到新的出路。**

**改变世界的第十步**

认同当下的自己。

# 挑战"普世价值观"

**C**：在资本主义社会里，能挣钱才是了不起的。在公司里，能创造收益的人才是了不起的，每每用什么评价制度来评估大家的时候，最后的结果都是，不能创造收益的人会成为大家口中没用的人。

现在的政客也是这样的。他们中有人将性少数群体里不生孩子的人说成没用的人，因为这类人生育率低下。现在就是这么个世道，社会上充斥着各种各样的排行榜，艺人圈子里也是，长得漂亮或者长得帅的人才会受到好评。

能干些什么或者拥有些什么的人会受到好评，在这样的社会主流里，如果自己特立独行、不争上游的话，难道不会吃亏吗？

**岸见一郎**：我觉得不必这样想。"用生产力评判他人的人，才是真的亏了"，应该这样想才对。

**脱离了这种"普世价值观"，才能真正理解人生的意义**，我希望大家能这样去想。也许这样一来就没法取得经济上的成功，但即便如此，我们也能过上幸福的生活，我希望大家有这样的信心。

希望大家能想一想，为了增加公司的收益，被人当作组织的零件或工具来使用，这样活着可以吗？

**A：**但找工作的时候，如果不表现出你能派上用场的话，是不会被聘用的。

**岸见一郎：**大家都会穿着一身整齐的求职装，学习礼仪，练习面试。说着我会用办公软件，我有这样那样的资格证之类的话，**努力强调自己是个可以被任何人替代的"人才"，你想过的就是这样的生活吗？**

公司以这种标准聘用人才也是不对的。应该是"需要的就是你，不是别人""想要和你一起工作"这样的方式才对。领导者也要这样想才行。

现代社会追求的是即时战斗力。因为一切以成果为准，那些宣称"我会使用excel""托业考试我考了800多分"之类的技能的人，估计很快就会被抛弃吧。

在这样的时代、这样的社会里，对自己一直以来的活法不加批判，就认为它是唯一正确答案的人，到底算不算得上幸福呢？我觉得不算。

我认为，反倒是觉得"这样活着可以吗"的人，才能过上幸福的生活。所以，不要觉得自己会吃亏。

**B：**刚才您说"什么都没有也能幸福"，我还是没法完全认同这种心态。这不就是说，人们可以无条件地获得幸福吗？

现在被称作年轻人的我们这一代，面临着大量我们自己无能为力的问题。

政客眼里只有特权，不认真为国民着想，世界上充斥着恶政；气候变化导致灾害频发，说不定哪天我们就会变得无家可归；税率一个劲儿上涨，工资却没有上涨，人们看不到经济状况改善的希望，将来自己可能会变成贫困人口。

　　"年轻人的未来一片光明"，长辈经常把这种话挂在嘴边，但考虑到我刚才说的情况，我甚至觉得，还不如说是年轻人有着不幸的未来。

　　在这种形势下，仅凭存在本身、活着本身获得幸福，这可能吗?

　　**岸见一郎**：我觉得可能。我不会说这和近来的政治没有任何关系。我们必须要挑战恶政。但是，不要把自己的幸福寄托在政客身上。我们对政客的期望，应该只是期望他们不要成为我们获得幸福的绊脚石，期望他们不要给我们带来不幸。如果寄希望于无能的政客，我们甚至有可能会丧命。

　　不过，为了保护自己，也为了保护大家的性命，我们应该奋起而战。不是为了政治上的意识形态而战，而是因为我们不需要无能的政客，所以必须发出更多的呼声才行。并不是光我们自己获得幸福就万事大吉了。

---

**改变世界的第十一步**

不要把自己当成可替代品抛售。

---

# 一个人的力量也很强大

**B**：但是，只靠自己一个人发声的话，也太无力了。

**岸见一郎**：就算有这种感觉，也只能从做到自己发声开始。一个人的力量也很强大，只要行动起来，自己的行动就一定会给其他人带来某种影响，一定要有这样的信赖感。

**B**：这个"信赖感"是什么意思呢？

**岸见一郎**：就是认为世界上有支持自己的同伴，自己绝不是孤身一人，要像这样去信赖他人。这并不是说要有人来当英雄，来引导大家，而是说要集结起每一个人的力量。这样一来，甚至能改变社会。

比如，现在人们说起社交网络，总是在谈论一些负面情况。但是如果很多人在社交网络上发声，有时就算是政府也没法强行对着干。

"我也可以成为改变社会的力量，我不会放弃"，我们只能像这样先从改变自己的心态开始。"很多人"是很抽象的，如果只着眼于身边的少数人，就会觉得"只有我一个"。所以，我们必须要有信赖感，要相信社会上有很多和自己想法相同的人。

现在的状况，就像大火正在以凶猛的势头熊熊燃烧。但是，如果放弃灭火的话，火势就会越来越大。我们只能尽一切微小的努力去灭火。如果什么都不做，情况只会进一步恶化。

但是，**不要放弃希望。接下来的人生并不一定真的没救了，年轻人有责任去改变那样的未来。**

在这个世界上，有的政客既没有策略也没有能力，因为这种人的存在，年轻人的确在某种程度上成为他们的牺牲品。但是，等待着年轻人的不一定就是不幸的未来。我希望大家不要觉得接下来不会再有好事，而是要相信自己有改变未来的力量。

**B：** 要怎样做，才能这么冷静地持续抱有强烈的信念呢？

每次看到做了坏事的政客得不到制裁的新闻，就会觉得不管自己怎么努力，诚实的人都得不到回报，努力的人也得不到回报。

**岸见一郎：** 但是，因为自己不想吃亏，于是为了自保而逃跑，为了将来发迹而染指不正当手段，并且完全不会感到良心的谴责——你肯定不想成为这种人吧？不能为了自保，而对社会上的恶视而不见。

曾经有人被下令篡改数据，受不了良心的谴责，后来自绝于世。这些人的不幸，始于他们决定反抗上司时，觉得没有人会支持自己，因而被逼上了绝路。我刚才也说了，这个世界上一定会有人支持你对坏事奋起反抗。因此，**我们必须要有连带感，要相信人和人之间是相通的。**

阿德勒[1]说，共同体可以小到以家庭为单位，大到连整颗星球都包含在内。我们可以像这样去想象一个非常大的共同体，它不局限于生物，甚至连

---

1　阿尔弗雷德·阿德勒（Alfred Adler，1870—1937）。奥地利精神病学家。个体心理学创始人。主要著作有《自卑与超越》《理解人性》《个体心理学的实践与理论》等。

非生物也包括在内；不局限于现代人，连未来人也包括在内。因此，仅仅关注当下的安稳是不够的。举例来说，如果核电站发生事故，给后世留下了负担，我认为这就是成年人的责任。

因此，**虽然共同体可以很大，但最初的单位就是"你"和"我"。更进一步说就是，"我"有着改变共同体的力量。**

我儿子还小的时候曾经问我："我出生之前，你会不会觉得孤单？"当一个孩子加入家庭这个共同体时，此前只有夫妻两人的共同体就可以说不存在了。改变就发生在儿子加入共同体的那个时刻。而"我"和"你"有所交集之前，"你""我"组成的共同体原本也不存在。从两个人一起生活的时刻开始，两人的共同体就建立起来了。

这个社会也是一样。我们凭什么不能觉得"我手里掌握着改变社会的关键"呢？从这个角度想，就会发现"我"并不是被动地从属国家。**因为"我"是国家这个共同体的一员，所以"我"有改变国家的力量。因此，我们必须发声。**

这一点并不仅仅局限于年轻人，年长者也是一样。年长者都太低估自己的力量了。让大家觉得"做什么都没用"，这正是政客的手段，所以不能放弃。我希望年轻人可以先从参加选举开始。以前的我可是一次不落地参加了选举。

你怀疑世界还会不会变得更好，而它可能不仅会没什么太大变化，反而变得越来越糟糕。尽管如此，我也认为不能放弃。**如果年轻人都去参加选举，政客也就无法无视你们每个人的意见了。**

现在的社交网络上，各种个人的声音都可以得到扩散，甚至都能在网上示威游行。现在，一个人发声甚至可以传达给数万人。

C：可是，在野党也靠不住，哪个政党当权不都一样吗？更何况，现在的年轻人和上一代人比，在人数上就输了。就算现在所有的年轻人都去参加选举，政客不还是会无视年轻人的意见吗？

**岸见一郎**：不同的政党当权是有差别的。如果是把宪法往不好的方向修改的政党持续当权的话，那没有什么比这更危险的了。连修宪这件事违反宪法都不知道的政客，可能确实想无视年轻人的意见，但希望社会改变的可不只是年轻人。有些年长者也和年轻人一样，有着"这样下去不行"的危机感。年轻人和这样的人联手，就会变成一股不可忽视的力量。

我不知道你有什么根据才说在野党靠不住，但**选举过后，无论哪个政党当权，接下来的事情都不是包在他们身上就好的。我们要时常关注政治动态，如果发生了不对劲的事情，就不应该沉默，而是发出呼声。**如果不去选举，觉得政治与自己无关的话，是没办法度过你想要的"安全"人生的。

**改变世界的第十二步**
在选举中投出自己的一票。

# 不再逞强才是强大

**B**：为了在这个动荡的时代里活下去，我们现在所需要的"强大"，归根结底就是"相信自己的力量与他人的优点"这两方面结合起来，是这样吗？

**岸见一郎**：是的。不过说"强大"有点不恰当。这也许不是强大。有人会说，希望自己有强大的精神力，无论遇到怎样的挫折都不会气馁，这种话听起来就像是虚张声势。就像是在说"我明明已经这么努力了"一样。

**想要变得强大，首先要承认自己的弱小**。这话听起来可能有点违背常理。无论如何都不会气馁的人，眼里只有自己，就像是在说"这么努力的自己可真棒"一样。

世界上有很多艰难的、不容易的事情。所以，我们得先放下自己的虚张声势，接纳原本的自己。我希望大家可以先做到这一点：面对眼下这么不得了的情况，深切地感受自己的无力。

我认为，毫无理由地充满自信的人，反而是不可信的，尽管这种人很多。从长远角度来看，对自己能做到些什么抱有疑惑的人，才会成为真正强大的人。

**如果从一开始就逞强，那么当问题无法按照自己的预期解决时，人就会马上想逃避。**

阿德勒在他的著作中打了一个比方：这是三个男孩被带到狮子笼跟前的故事，他们都是第一次见到狮子。请大家也稍微想象一下，如果换成你们，你们会做出什么样的反应呢？

**B：** 会觉得害怕。

**岸见一郎：** 是啊，肯定会害怕啊。毕竟是第一次见。第一位少年觉得很害怕，说："咱们回家吧。"这才是正常的反应，不是吗？

第二个少年说："好漂亮的动物啊。"他想给大家展示自己的勇气。但其实他说这话的时候，身体还在颤抖。胆小的孩子反而会炫耀自己的勇气，但这并不是真正的勇气。

**B：** 是假的勇气吗？

**岸见一郎：** 这是鲁莽。不会游泳却往河里跳的人不是勇敢，而是鲁莽。不会游泳就不能跳河，就算河里有人快要淹死了，你贸然跳下去的话，可能只是会导致淹死的人多了一个。不会游泳的话，就应该去叫其他人来。

害怕的时候无法承认自己害怕，**无法向他人寻求帮助，我觉得这是有问题的。这并不是真正的勇气。**一边发抖一边说着"好漂亮的动物啊"的少年，虽然表现出了勇敢的样子，但依然在发抖，所以他内心其实还是害怕的。能承认自己害怕，才是有勇气。

第三位少年说了什么呢？他说："可以朝狮子吐口水吗？"这是在逞强，是在虚张声势。其实他应该也很害怕，但他试图通过虚张声势来掩盖自己的恐惧。那些说自己想要强大的精神力，不管遇到什么状况都能积极地克服的人，和虚张声势的少年没什么两样。

首先要承认自己并不强大，这样的人才能拥有真正的勇气，虽然这听起来有些不符合常理。所以，**分清自己做得到的事情和自己做不到的事情，这一点很重要。**

用阿德勒哲学的话来说，重点在于分清自己"职责范围以内"的事情和除此之外的事情。"职责范围以内"的事情就是自己能力所及的范围以内的事情。如果遇到自己做不到的事，就必须向他人寻求帮助。不过，很多人做不到向他人寻求帮助。

**A：**得到别人的帮助不是一件值得高兴的事情吗？为什么会无法向他人寻求帮助呢？

**岸见一郎：**这是因为，有人认为向他人寻求帮助是一件令人羞耻的事情。

举例来说，我觉得政客读错字是一件很尴尬的事，但读错字本身并不令人羞耻。遇到不认识的字，说不认识，去学一下就好了。

虚张声势的人还会觉得，受教于人是一件令人羞耻的事情，所以不会承认自己有不知道的事情。他们还会觉得，由别人来告诉自己某件事情很不愉快，甚至会勃然大怒。这样一来，周围的人今后就不会想来帮助你了。

**对自己做不到的事情，就老老实实地说自己做不到，这样才能变强大。**所以从结果上来看，不虚张声势的做法，才能转化为活下去的力量。

这个道理套用在气候变化上也是一样，一个人是改变不了什么的，但如果大家齐心协力，也许总能改变些什么。但有些人认定"反正什么也改变不了"，于是什么也不做。阿德勒有个说法叫"all or nothing"，也就是要么零分要么一百分，很多人会觉得非一百分不可。

**A**：我能理解。因为他们想要立刻得到肉眼可见的结果。

**岸见一郎**：重点是不要着急。五十分、六十分不也挺好的吗？就算一开始只有二十分，努力一番以后，能做到的事情也会逐渐增加。有的人明明能做到一些事情，但哪怕只要有一丁点儿失败的可能性，他们就会放弃挑战。

我希望大家能够成为这样的人：哪怕不能完全做好，但只要有进步的可能性，就不要管其他人怎么想，努力就好。虚张声势也有弊端，比如太过于在意别人如何看待自己。

### 改变世界的第十三步

接纳弱小的自己，该寻求帮助的时候就寻求帮助。

# 评价不等于本质

**A**：总之，是不是以自己为中心活着，决定了人能不能幸福生活，能不能真正变强大。

**岸见一郎**：没错。

**A**：但是我觉得在这个国家，很多人的成长环境是以他人为中心的。我上中学的时候是网球部的成员，每次快要输掉比赛的时候都会肚子疼。

**岸见一郎**：这是因为你觉得必须拿出成绩来才行吧。毕竟老师和学生都是在这种观念下被培养出来的。

人生就是会经历失败。体育比赛就是会有输有赢。我希望大家成为这样的人：做不到的事情就必须承认自己做不到，如果有必要的话，要连道歉也做得到。

然而，现在的社会不是这样的。首先，成年人就没有做到这一点。身为一国首脑的人，甚至在做完全相反的事情。

**A**：做什么事情失败了，或者有什么事情做不到，周围的人就会认为你没有价值。如果一直被这样对待，人是很难继续保持自信的。

**岸见一郎**：他人的评价，与自己的价值或本质没有任何关系。

他人会对你做出"你这个人怎么这么不行啊"之类的评价。年长者觉得，年轻人受过这样的批评式激励，就会努力，因此会特意说讨人嫌的话。"你这家伙已经没救了""你这样下去可怎么办啊"，年长者会这样说。

但是，这些话只不过是某个人对你的评价而已。我们必须明白，某个人的评价，并不会左右自己的价值。

找工作也是一样的道理。在这个过程中总会受到指摘。接连几天受到指摘的话，肯定会泄气。然而，那只不过是公司对你的评价罢了。你自己的价值并不会因为这种评价而下降。你只不过是被人评估为"公司不需要"罢了。

虽然只要是工作就会受到评价，但这种评价并不可靠。我认识一位编辑，一进出版社就做出了畅销书。但后来我打听了一下，才知道这位编辑参加过好几家出版社的考试。其实，很多公司没有看人的眼光。

如果公司看人有眼光的话，那么哪怕对五年、十年都没做出什么特别成绩的员工，也不会做出辞退处理。刚才我也说过，尽管现代社会追求的是即时战斗力，用人单位也必须能去评估员工身上的可能性。

我一直都跟年轻人说：年长者说你不行，你肯定不好受，但你一定要知道，他们的评价可不一定合理。

不过，我们要能够下定决心：**"世界上一定有人能发现自己的能力。为了等到那个人，现在先磨炼自己，努力去做现在的自己能做到的事。不要每天稀里糊涂地过日子。"**

我听说，有的公司不管员工的能力和期望如何，都一定会让他去做一下特定部门的工作。我认识的一个年轻人，他进出版社以后等了好几年，终于得以进入编辑部，但才编辑了几本书，就因为公司的安排调去了别的部门。他对此非常不情愿。

就像这样，年轻人都会经历不如意的事。这种时候，我希望大家能明白，这只不过说明"自己没有得到公正的评价"，**只要自己继续努力，就总会遇见公正评价自己的人。**

而且还有一类人：他们就算碰上了不得已的调动，也会把这件事当成一个机会来利用。我刚才说的那个人调动以后，和海外打交道的工作增加了，学生时代学习的中文用上了，他开始觉得和海外公司的交涉变得有趣起来。

**A**：也就是说，没有必要为了别人的评价一喜一忧，对吧？但我担心像有这种自信的人，难道不会变得傲慢，或者变得不会反思自己吗？

**岸见一郎**：刚才那样的话，我只会对那些自我评价比较低的人说。"被讨厌的勇气"这样的说法，听起来有点一意孤行的意思，但这并不是说可以去做惹人讨厌的事情。

听到"被讨厌的勇气"这样的说法，不考虑他人感受的傲慢的人会理解为："只要我愿意，我说什么话都可以""不管别人怎么说，我只要贯彻自己的想法就好"。他们会做出这样的解释。但是，这样的人本来就不需要"被讨厌的勇气"，且不能有"被讨厌的勇气"。

是这么一回事：我想对一直以他人为中心活着的人说，该说的话就要说出来，不要害怕被人讨厌。我希望这些人能有勇气好好说出自己想说的话。不要让别人决定自己的人生，要有勇气活出自己的人生。虽然提出自己的主张可能会造成意见分歧，但请不要害怕被人讨厌。

这些话的大前提是，人必须首先是谦虚的。人必须时刻意识到"有可能是我错了"。所以，毫无来由的自信是不可取的。至于不自信的人，完全不用担心他们会产生这样那样的误会。但如果百分之百的人都对自己有负面评价，那么他人的评价就有可能是正确的，有必要反省一下自己。

因此，他人的评价并不是无足轻重的，我们有必要时不时回顾一下自己。只不过，就算是百分之百负面的评价也有可能是错误的。**他人的评价并不能改变你的根本价值。**

我希望年轻人有气势，能够说得出"大叔们靠边站，接下来是我们的时代"这种话。就算地位更高的人不理解你也没关系，不要去迎合他们。

**改变世界的第十四步**

不受好评，也并不能降低你的价值。

# 第2讲

# 不安或恐惧能克服吗

# 不安是有目的的

B：一想到要在这个满是问题的世界活下去，我的心头就会泛起恐惧和不安。今天想问问您，这样的情绪要怎样应对呢？

**岸见一郎**：首先，要看透恐惧和不安的本质。你在什么时候会感到不安呢？

B：一想到未来就感到不安。比如能不能工作到退休；以后能不能拿到退休金；能不能找个不错的人结婚；以后说不定会生病，但不想悲惨地死去……一想到这类事情，就难免会感到不安。

**岸见一郎**：我能理解。然而，并不是所有人想到你说的这些事情，都会感到不安。**阿德勒认为，不安是有目的的。**

B：难道不应该是有"原因"吗？

**岸见一郎**：不是原因，就是目的。我来逐一解释一下。

恐惧和不安并不是一回事。恐惧有明确的对象，是针对某个事物感到的恐惧。与之相对，**不安要么是没有对象，要么是只有一个模糊不清的对象。**因此，人们对未来会感到不安，而不是恐惧。

举例来说，遇到地震这样危险的情况，到处都晃个不停，人在这时感到的就是恐惧。感到恐惧之后，就必须逃离眼下的地方。

恐惧的感觉会像这样伴随着直接的行动。哪怕浑身僵硬、缩成一团，也会觉得"必须做点什么"。

另一方面，不安的对象却是不明确的。比如，不知为何一想到今后的事情就感到不安，这就不像因地震感到恐惧那样有着直接的因果关系，而是没有一个特别明确的对象。

就算感到不安，也不会立即采取什么行动。不仅如此，甚至可以说是根本不会采取什么行动。**人感到不安时，就会什么也不做。**更进一步说，不安不需要对象。

B：不安没有对象？那我刚才列举的那些事情都不算明确的对象吗？

**岸见一郎**：不安不需要对象，或者说，不安的对象可以是任何事物。对象不是必要的，但存在一个对象的话，对自己和他人来说都会更好理解罢了。

我倒不是不能理解想到死亡就感到不安的情况。还有人会搬出过去的经历，并因此感到不安。对过去经历的事情，有些人会形容说"有心理阴影"。曾经因失恋而受伤的人，就算又喜欢上了别人，也会因为考虑到再次受伤的情况而感到不安。

A：但是，换成我的话，会觉得很高兴能开始一段新的恋爱。一想到下次说不定能遇到优秀的人，就觉得有些期待。

**岸见一郎**：就算经历了同样的事情，不同的人也会用不同的方式去接受。有人因为失恋而觉得"以后再也不要喜欢上别人了"，这就是把害怕再次受伤的不安变成了逃避恋爱这个课题的理由。他们会说"自己之所以会有这样的不安，是因为以前受过伤害"之类的话。

不仅是恋爱，其他方面也是一样的。有人对工作感到不安，就会逃避工作这个课题。**不是因为感到不安而逃避，而是为了要逃避，所以才感到不安。**我说不安是有目的的，就是这个意思。

明明对将来感到迷茫和不安，却会想要辞掉工作。

A：还有这种事情吗？

**岸见一郎**：辞掉工作就生活不下去了，所以一般人不会这样想吧。但是，有人一想到今后不管怎么努力工作可能都没法晋升，工资可能都不会涨，一辈子可能只做同样的工作这些问题，就会觉得空虚，干脆全都破罐子破摔了。

C：不过，现在这个时代哪还有人想着一辈子只做一件事啊？

**岸见一郎**：我也是这么想的。但是，人们并不总是会做出合理的决定。**一旦做出了不合理的决定，为了让自己和周围的人都能够理解，就必须编造出不安这样的理由。**因为如果试图说"其中有这样的理由"，把理由明确化，就会一下子遭到反对的吧。

尽管如此，在下定决心要辞职的时候，应该采取阿德勒说的"犹豫不决的态度"。不要马上采取辞职的行动。

有的人把"不知道未来会怎样"当作不安的原因，有的人则会搬出过去的经历。如果因为"说不定会经历和那时候一样的失败"而感到不安，人就会把这种不安当成辞职的理由。至于不安的理由，是什么都可以。

如果一个人已经规划好了将来的人生，即按照父母说的，先学医，再成为医生，那么这个人就不会对此产生任何疑问，也许这样下去就会成为一名医生吧。但一旦产生过"自己的人生这样下去真的好吗"这样的疑问，就已经没法再像从前一样毫无顾虑地继续生活下去了。

如果人们能因此放弃父母铺设好的人生轨道，痛快做个了断，那问题就简单了。但是，一想到看重"普世价值观"、看重成功人生的思维模式没那么容易舍弃，就很难下定决心今后要如何生活。

在摇摆不定的夹缝中，这种的不安感情就变成了必需品。**一旦对将来感到不安，多多少少就会对生活变得消极吧。**

**B**：之所以感到不安，是因为想逃避自己应该面对的课题。也就是说，把不安当成了逃避的借口，对吧？

**岸见一郎**：没错。所以，不安的对象可以很模糊。不知怎的总觉得有些不安。硬要问对什么感到不安的话，对方只能说得出"是对未来不安"之类的模棱两可的答案。

**B**：那恐惧又是什么呢？

**岸见一郎**：它们的本质大体上是一样的。**恐惧的目的是"立刻逃离当下自己面临的问题"。**举例来说，如果有狗靠近的话，害怕狗的人就会逃跑。

**B**：逃跑的时候，需要把害怕狗作为理由是吧？

**岸见一郎**：因为感到恐惧的话，就能立刻逃开那个地方了。

---

**改变世界的第十五步**

反思一下，自己有没有把不安当成逃避课题的借口。

# 反过来利用不安

**B：**我上大学的时候去新西兰留过学。那时正值2011年，有些人受到"3·11"大地震[1]的影响，从福岛跑到新西兰避难。他们说"福岛太危险了，想移居到这边来"，那他们的这种不安该怎么解释呢？

**岸见一郎：**这不是在逃避自己的课题。可能这些人确实感到了不安，但他们制造不安的目的不一样。

普通人感到不安后，会逃离自己必须面对的课题，他们制造不安的目的，是为了逃避。

但是，如果遭遇了地震、海啸，或者核电站事故，再想到今后的事情，人当然会感到不安。但他们可以把这种不安当成杠杆，下决心撬动新的人生。这不是逃避。

我再说一遍，我敢说有着同样经历的人，也不全都会感到不安。现在，

---

1　2011年3月11日，日本东北太平洋地区发生9级地震，进而引发海啸，对沿岸地区造成严重破坏。包括间接死亡人数在内，这场地震共造成超过2万人死亡和下落不明。位于福岛县双叶郡大熊町的福岛第一核电站，由于被海啸摧毁了防波堤，三座核反应堆的核心熔毁，至今其中的核废料还无法清理。

很多年轻人面对着同样的情况，但并不是所有人都会对将来感到不安。

就算都感到不安，那么每个人制造出不安的理由或目的也因人而异。我在新西兰见到的那些来自福岛的人，他们就是把不安感当成契机，下定决心朝着新的人生迈进。通过上面这些故事，我们可以知道，人的心理动作可以分为两个阶段。

**B：** 第一个阶段是想要逃避，因此感到不安或恐惧。

**岸见一郎：** 没错。一般情况都是这样的。

**B：** 但是，在那之后要怎么做，就因人而异喽？

**岸见一郎：** 是的。实际上，一旦开始感受到不安或恐惧，就很难再摆脱它们了。所以，面对正在感到不安的人，就算劝对方没必要感到不安，他们也完全听不进去吧。

**问题的关键在于，不安的情绪要如何处置。我不是说不可以感到不安，而是想说要把不安感用于更有建设性的目的。**

我再举一个与其说是不安，还不如说是恐惧的例子：

人坐过山车的时候会感到恐惧，会害怕过山车的极速下降。但是，这是非常自然的情绪。因此，在这种情况下，感觉不到恐惧可能才不正常。就算想尽办法去消除这种恐惧或不安，也很难做到。

因此，我会说："像过山车之类的东西在极速下降时，虽然会感到极其不安或恐惧，但最好不要想着去赶走这些情绪。如果能通过某种方法让过山车停在最低点，它就再也没法冲上高点了。**就算感到害怕，也不要去管它，要让下降的能量自然而然地转化为上升的能量。**"

我会劝别人说，你可能正在感受恐惧，但**不要想着把恐惧的情绪怎么样，就放任自己恐惧下去吧。**

**B：** 就这样继续去感受恐惧吗？也就是说，只能忍着吗？

**岸见一郎：** 不是说要忍着。我们要忍耐的不是恐惧，而是必须对恐惧做些什么的情绪。

因为不安和恐惧一旦产生，人就算想做些什么去打消它，也很难做到。

抬头仰望一片万里无云的晴空，看着看着，云一转眼就飘了过来，天可能会下起倾盆大雨。

但是，就算你想凭自己的力量阻止那片云，也是不可能的。总之，你只能继续看着那片云，直到它飘走。

就像这样，就算暴雨又下起来，雨后也会有晴天。从这个角度来说，没必要把恐惧或者不安怎么样，也不要去想要把它怎么样。

**改变世界的第十六步**

不去抵抗不安，而是化不安为动力。

# 横竖要逃避的话，不安就不是必要的

C：那么，如果陷入了不安或恐惧，什么样的做法最不好呢？是逃避，是什么都不做吗？

**岸见一郎**：是的。阿德勒没有对神经症和神经质做出严格的区分，这两者的区别如下：

神经症人群面对课题的时候，会非常明确地止步不前；神经质人群不会止步不前，但会放慢步调，给人一种对前进这件事情很犹豫的感觉。这两者的共通之处在于，他们内心都想要逃避课题。阿德勒用了"神经症式的生活方式"这个说法。**这类人面对人生课题采取的态度是"逃"。逃避需要理由，理由就是恐惧或不安。**

如果毫无理由地想要逃避课题，不仅周围的人不会允许，自己也会无法认可吧。这种情况下，就算不是神经症或精神病，人也会利用生病作为借口。尽管我说这是"利用"，人们也会反驳说"又不是我自己想生病的"。

举例来说，有一个孩子不想去上学，但是如果他跟父母说自己今天不想去上学，父母无论如何都不可能接受，所以孩子会开始肚子疼或头疼。这些症状绝不是装病。**孩子没有撒谎，而是真的出现了症状**。阿德勒用"制造症状"这个词来形容这种现象。

孩子会制造出自己最擅长的一种症状，这话听起来可能像有什么语病一样，但阿德勒说，孩子确实会利用自己最弱的器官。呼吸器官弱的孩子可能会哮喘发作，肠胃弱的孩子可能会肚子疼。

真的出现了相关症状的话，家长就不会说"头疼也要去上学"这样的话了。孩子自己也会觉得，"其实我真的想去上学，但出现了这样的症状也没办法"，因此不觉得为难了。**明明是自己决定的事情，却要怪罪到生病上**。

向学校请假的时候，也必须由父母来联系。如果没有理由，学校的老师也不会准假。我就曾经跟自己的孩子商量过请假的理由。我打电话给老师说："孩子说他今天不上学了。"因为上不上学由孩子自己决定，而不是由父母决定。说到底父母只是个传话的，所以在和老师沟通的时候，父母能做的也只有传达孩子的话而已。

我跟老师这么一说，老师肯定会问"怎么了"，于是我回答说："孩子说他今天肚子疼，不上学了。"然后，电话那头传来了老师焦躁的声音。因为老师一点也不觉得孩子可以自己做出请假的决定。如果能跟孩子解释说，生病的症状本身只不过是用来跟老师交涉的必要工具，不必真的制造出症状。这样一来，孩子以后就不会出现症状了。

就算拿肚子疼作为理由，也没必要真的肚子疼吧。去不去学校是孩子自己决定的事情，家长没必要反对。只要说"今天想请假"就好了，没有必要真的头疼或者肚子疼。如果能这样告诉孩子，孩子之后就不会再利用生病的症状了。

不仅是症状，不安和恐惧也同样可以被利用，即利用不安和恐惧逃避课题。

C：因为大家通常觉得逃避是一件很懦弱、很不好的事情。所以，必须制造出一个自己和他人都能接受的理由。我自己也是，觉得上班太苦了想休假的时候，内心也会抗拒。

**岸见一郎**：没错。但是，我觉得偶尔逃避一下课题，犹豫一下也没关系。不过，既然做出了这样的选择，就不用再制造出不安这种情绪了。

A：但我觉得还有一种情况是，人产生恐惧或不安，是为了保护自己的性命，就像防卫反应那样。

**岸见一郎**：确实有这种情况。人一产生恐惧心理，就会想要逃离危险。为了坚定马上逃走的决心，因此制造出了恐惧。一感到恐惧，就顾不上多想，只管赶紧逃跑了。

在有些情况下，我们感受到恐惧时，的确需要逃离那个现场。不赶紧逃走的话，就会被卷进事故或灾害里，这种情况当然是存在的。因此，几乎可以称之为本能的恐惧感，在某些情况下甚至可能是必要的。

只不过，如果你的目的是逃跑，那么在这个过程中，情绪并不一定是必要的。就像对想请假不上学的孩子来说，病症也不是必要的一样。

A：原来如此，没有必要白白感到不安。

我可以再问一个问题吗？有时我被父母或学校老师训斥的时候，脑袋里会变得一片空白。如果说，出自本能的恐惧是为了保护自己的性命，那恐惧有时也会让人两腿发软，愣在当场一动不动，不是吗？

**岸见一郎**：确实如此。因为太过恐惧，当场呆住，身体不能动弹的情况也是有的。

如果能预先设想一下，出现这种情况应该采取怎样的行动，提前决定好，那么一旦真到了那个时候，就不会被恐惧吞没，而是能开始行动了。重点在于，哪怕是面对第一次经历的事情，也不要依赖情绪或症状，而是要思考该怎么应对。

**改变世界的第十七步**

不要用情绪或者病症当借口，想想该如何应对课题吧。

# 平常心就是虚荣心

**C：**这样的话，我们平时应该保持什么心态比较好呢？心态本来该是什么样，该怎么摆正？平常心到底是什么东西？

**岸见一郎：**不用一直保持平常心。**"不管发生什么事情，都不要失去平常心"这种话，有可能只是虚荣而已。**

谁都会有不安或恐惧的时候，所以不要认为绝对不能产生这种情绪，这样会轻松一点。人就是会时不时产生动摇，感到不安。我们只能去接纳这样的自己。最好不要从一开始就虚张声势地认为"不可以觉得不安"。

**C：**也就是说不要多想，保持自然状态就可以了，对吧？

**岸见一郎：**我觉得保持自然状态就可以了。不过，也有些事情不得不考虑。我并不觉得，什么也不想或者说无心的状态是好的状态。

现在我们面临的状况会让我们产生不安，这一点也不奇怪。我们有可能感染未知的病毒，而且看看其他国家的情况就知道，这场传染病并不会轻易平息。可有人觉得，就算不采取任何措施，疫情也会平息下来。这不可能吧？

除了传染病，今后还可能会有更糟糕的事情发生。想到这些，要说不觉得不安，那充其量只是在逃避现实罢了，我并不觉得这是理想的状态。

因此，**我们所能做的，就是不转移目光，见证当下发生的一切。**为此，我们必须正视现实。这样虽然有可能感到不安，但却能在见证的过程中发现希望。

如果什么都不去自己了解、思考，只会对别人说的话照单全收，那就有可能受困于模糊不清的不安。

然而，正视现实的话，不安确实可能会有一瞬间的增强，但只要不回避，勇敢地面对当下发生的事情，不安终究会减轻的。

就算不安本身并不会消失，人也会明白"就算不觉得不安也没关系"。最危险的是，轻易地把明明不安全的环境认为是安全的。

比如说，面对新出现的传染病，有人觉得它只不过是和感冒差不多的疾病，还有人认为根本就没有必要戴口罩。但实际上，有的病例连轻症都算不上，但后遗症却迟迟不好。

未来，人们会渐渐弄清楚更多新情况吧。我们必须去了解现实，了解真相，必须在这个基础上考虑应该怎样应对。

有的孩子感到害怕就会闭上眼。然而，就算在鬼屋里闭上眼，鬼也不会消失，试图用这种方式逃离不安和恐惧是行不通的。

让我再重复一遍刚才说过的话：不安和恐惧一旦产生，你就没有办法当它们不存在。情况可能会像坐过山车一样急转直下，但我们要保存好自己的精力。这样一来，下降总有一天会转化为上升。

还有一个重点是，一定不要移开目光，要好好地正视现实，不要想着逃离那个地方。不仅是针对传染病，针对任何情况都可以这样。

我们的人生是看不到前路的。不知道接下来会发生什么，可能会有突发状况，想做的事情可能会做不了。这么一想，感觉不到不安是不可能的。

因此我敢说，**丝毫感觉不到不安的人，根本不懂人生**。前面描述过的那些不安，只要是人，就不可能感觉不到。

**改变世界的第十八步**

见证当下发生的一切，就会看到希望。

# 不安产生于人际关系中

**岸见一郎**：关于不安，我们还必须思考一点。**不安不是单单一个人自己的内心就能产生的现象，而是在人际关系中产生的。**每个人都生活在人际关系之中。不安是一种指向某个人的情绪。阿德勒把这里说的某个人叫作"对象"。

**A**：愤怒之类的其他情绪也是这样吗？为什么呢？

**岸见一郎**：愤怒也是一样的。无论是愤怒还是不安，都是为了促使他人行动。

**A**："促使他人行动"是什么意思？

**岸见一郎**：如果一个人感到不安，别人肯定没法放着他不管吧？还有，如果有人对自己发脾气，自己可能会因为害怕而听从对方。

**C**：我工作的地方就有这样的人，感情用事，乱发脾气，周围的人都很怕他。但是，人发脾气或发泄其他情绪的时候，能意识到自己的这种目的性吗？难道不是一不留神就发怒了吗？

**岸见一郎**：没错，阿德勒说这就是"有计划的"。比如，有的人在气头上会破坏东西，但不会破坏自己真正珍惜的东西。那些喝了酒就说自己什么都不记得了的人，也是骗人的。

**A**：记得我小时候在夜里醒来，看到父母不在身边就会哭。我以为这是因为自己感到了不安。这种不安也有目的吗？

**岸见一郎**：小时候的你，是为了什么而哭的呢？

**A**：我也不知道。

**岸见一郎**：你当然不知道。如果问一个人他哭的"目的"是什么，对方通常答不上来。假设你现在处于同样的情境下，设想一下你就明白了。现在的你不会再哭了吧。

**A**：哭的目的，是为了呼唤父母到自己身边。是这样吗？

**岸见一郎**：是的。但是，感到不安又是"为什么"呢？

**A**：因为父母不在自己身旁。

**岸见一郎**：并不是这样。感到不安是为了哭。

**A**：为了哭所以感到不安，为了呼叫父母所以才哭，是这样吗？

**岸见一郎**：就是这样。孩子哭了，父母肯定不会不管。他们会立刻来到孩子身边，说着"没事吧""别担心"之类的话，拼命地安抚孩子。

要问"为什么哭了""害怕什么"，说不定会得到"因为太黑了"这样的回答。但是，如果真的是因为怕黑而感到不安哭了起来，那自己去打开灯就可以了。

然而，恐怕就算开了灯，不安也不会消失的吧。不安的"原因"，并不是一个人在一片漆黑中睡觉这件事，而是为了让父母来照顾自己这个"目的"，才制造出了不安这种情绪。**为了让父母来照顾自己才制造出不安情绪，这个思路才是合理的。**

因此，就算房间里亮起来，孩子还是会抓着父母不放。不能因为周围亮了，就放弃不安。想想不安的目的，就会理解孩子的行为了。

只要弄清不安背后的缘由，就会明白其实不哭也是可以的。

**A：**那应该怎么做呢？

**岸见一郎：**你想要怎么做呢？

**A：**想要父母陪在自己旁边一起睡。

**岸见一郎：**那么用语言表达出来就好了，不哭也可以。

我认识一个年轻人，他从中学时就开始在家闭门不出，已经十年了。当得知母亲想要去做咨询后，他就诉苦说自己感到不安。他说，你去做咨询的时候，我可能会去死。这样一来，母亲在做咨询的时候，就会对孩子担心得要命。

这个年轻人感到不安的目的是很明显的，就是为了把母亲留在自己身边。如果父母不予回应的话，他恐怕会做出更过激的行为。

但是，如果想要父母待在自己身边，直接说"可以陪在我身边吗？"不就好了。"希望你能陪着我，今天就不要去做咨询了吧。"**如果能像这样直接用语言表达出来，不安的情绪就没有存在的必要了吧。**

**改变世界的第十九步**

不要用情绪去控制他人，要用语言去表达。

# 恶政是能被阻止的吗

**B**：父母会听取孩子的诉求，但如果提出诉求的对象完全不回应自己的话，该怎么办呢？

**岸见一郎**：就算是父母，也有不满足孩子需求的时候。年幼的孩子确实没有办法放着不管，但孩子长大成人以后，父母就不一定要事事满足孩子了。

如果对方不是你的父母，就更不可能满足你的愿望了吧。毕竟其他人又不是为了满足你的期待而存在的。我们必须接受这一点。

**B**：比如说，我们不用个人情况来举例子，而是换成社会怎么样？面对恶政不断的政府，我们感到不安，"目的"是希望政府能做些什么，因此才会到国会门口去搞示威游行。但是，就算这样做，对方也完全没有反应，而是持续忽略我们的话，该怎么办才好呢？

对身边的人，我们还有办法去说服，但对说什么都不听的政权，一想到自己一点办法都没有，就会变得绝望起来。

**岸见一郎**：我自己也会因恶政感到不安。毕竟当下的政治也只会给人带来不安。但仅仅是感到不安和愤怒的话，是什么都无法改变的。不要光感受情绪，还必须要去寻找更有建设性的方法。

我们现在能做的，并不是浑浑噩噩地感受不安和愤怒。首先，**我们要好好分析现状，分析当下都在发生些什么，在此基础之上，仔细思考自己能做到的事情，如果有必要的话，就采取行动。**

**A：** 我们应该做的，不是像婴儿哭泣那样的事情，对吗？

**岸见一郎：** 政治游行跟向父母哭诉的孩子比，格局是不一样的。

有些年长者会说"示威游行根本没有意义，还是老老实实地去参加选举吧"之类的话，听起来像煞有介事。但很多人已经发现，发声还是相当有效果的。因为传染病的流行，大规模聚集活动很难实现，但取而代之的是，人们开始在网络上进行示威游行。这些网上游行的结果，有的促使了政府方针的改变。

就算保持沉默，国家也不会有什么动作，这是事实。因此，我希望大家不要觉得这些事情没有意义。

我在上一讲中已经提过，一个人的力量也很强大。每个人都有自己的意见并为此发声，这远比孩子的武器要有力得多，有效果得多。

**B：** 尽管如此，我已经对政府的新冠病毒感染应对方式感到厌倦了。如果对国民的声音已经忽略到了这个程度，那么恶政接下来不是会越发恶化吗？一想到这儿我就会感到绝望。

**岸见一郎：** 曾经发生过一件事：学生们为了对政治提出异议，在安田讲堂同警察队伍发生了非常激烈的冲突，导致东京大学的入学考试终止。一想到那样的事情再也不会发生了，我就会感到有些绝望，会不由得想：为什么现在大家都不愤怒了呢？

**C：** 有时候我们确实不知道该用什么方法来面对。如果是为了终结恶政，哪怕是通过过去人们说的那种暴动，或者农民起义之类的武力手段，也不算是坏事吧？

**岸见一郎**：有人想让我们觉得这是坏事。不过，我觉得达到想用破坏性手段这个程度的人并不多。

说到底，政治应该做的，就是不要将人们逼到那个地步。**如果政治逼得人们上街游行，那就说明政客有问题。**把自己的问题束之高阁，反而要压制奋起反抗的人们，这才有问题。

总之，如果自己什么都不主张，政客们会觉得自己可以为所欲为。

**A**：什么样的主张是正当的，什么样的主张是任性的，我不太会区分。自己所处的状态，到底是像号啕大哭的婴儿那样，还是在为了改变现实而主动行动呢？这其中的分界线到底在哪里呢？

**岸见一郎**：最重要的一点在于，你的关注点是什么。

当然，我们不能做违法的事情。但如果自己要做的事情不仅是为了自己，也是为了大家，那么能做到的事情就相当多。

而如果婴儿不哭喊，可能连生命都维持不了。婴儿觉得肚子饿，就通过拼命哭喊向父母表达自己的想法，这就是为了自己。而参加游行表达抗议，并**不仅是为了自己，也是为了社会。有或者没有为社会着想，区别是很大的。**

只为了自保而行动，以及无论如何都不行动的人是最有问题的。举例来说，年轻人如果想着"自己参加游行的事情要是被人知道了，对之后找工作影响不太好吧"，就会畏缩。而对于政府来说，这样的人越多越好。

年长者说："不能去参加游行。"对于本来就没想这么干的年轻人来说，听到年长者"乍一听很高明的教导"，就会开始认为游行是不可以做的坏事。年轻人群体内部就会因此产生割裂。

但是，如果社会变成这样，那才是真的要变坏了。

明明对大家都没有好处的事情，但在一番兜兜转转之后，对当下的自己有好处——如果越来越多的人出于这样的动机去行动，社会整体就不会朝着好的方向发展，这将是一件可悲的事情。

> **改变世界的第二十步**
> 不仅为自己，也为社会而行动。

# 绝望是什么

**B**：好难啊！确实会发生割裂。话说，我还想再问问关于恐惧和不安的问题，绝望跟这两者是不同的东西吗？

**岸见一郎**：绝望是恐惧和不安的终点。不安和恐惧还有恢复的余地。哪天转换一下心情，不安就有可能消失。

但是，绝望是一种更严重的东西，如果到了这个程度，要摆脱它就没那么容易了。

**B**：但我觉得是这个社会变了，变得让人容易陷入绝望。

一开始的时候我就说过：气候变化可能会造成猛烈的台风，自己的家说不定会被吹跑；新的传染病蔓延开来；世界形势变得不安定……这些都让人感到担心。

在这样的世界里，年轻人没有钱，但税交得越来越多，社会整体不景气，让人看不到好转的希望。就算结了婚想生孩子，在当前形势下，也没法好好养育。

最近全球气候变暖不是又加速了吗？这还让人担心，地球接下来会怎么样呢？

对于未来，除了不安还是不安，在这种形势下，就算留下一个孩子，人们也会担心这个孩子能不能过上幸福生活。孩子们拥有未来，可并不一定就会拥有幸福。我觉得我们年轻人所处的形势，能轻易地把人逼入绝望的境地。

绝望和不安、恐惧的目的是相同的吗？

**岸见一郎**：是的，是相同的。把绝望看成"做什么都没用"的心态就好理解了。

**一旦感到绝望，就越发觉得再也没有自己能做的事了。绝望就是什么都不做的借口。**

有的人还会合理化自己的绝望，说那种绝望感绝对不是自己制造出来的。因为他们觉得就算自己努力，也很难阻止全球气候变暖。

少用超市购物袋对环境能产生多少正面的影响？很难说有什么效果。无论自己做什么，都是杯水车薪，只能对此感到绝望——有人会这样想也不奇怪。

刚才讲的这些都是整个地球层面的事情，但关于人生的话题也是同理。在走投无路，觉得自己什么都做不到的时候，先制造出绝望感，然后再坚定什么也不做的决心。从这个角度看，绝望就好理解了。

**但是，哪怕你还有一点让这个世界变好的愿望，就必须保持不能绝望的心态。不要用"世道就这样，我也没办法"来合理化自己的不作为。**

**改变世界的第二十一步**

不要用绝望来逃避。

# 从我做起

**B**：好难啊！光是自己的事情就已经焦头烂额了，还能想着让世界变得更好，那得有多高的境界啊！

**岸见一郎**：我们只能先从自己做起。

如果认为在顾着自己之前，要先顾着社会，就会越发绝望。一个课题如果太大，就会让人觉得做什么都没用。

就像刚才说的那样，就算少用超市购物袋，世界也不会变得更好。但是，只要环境还有一丁点儿变好的可能性，只要每一个人都想着克服不便，齐心协力，那么全世界范围内就会形成一股大规模的力量。这样做到底有没有效果还有待验证，但重点在于，不要觉得这一切是徒劳。

如果一开始就着眼于全世界，人就会觉得自己什么都做不到。内村鉴三[1]有一本书叫《留给后世的最大遗产》。书里说好不容易来到这个世界上走一遭，好歹在去世前做一些让这个世界变得更好的事情。他做了一些演讲，讨

---

1　内村鉴三（1861—1930）是日本明治、大正时期的教育家，在日本近代思想史上有着举足轻重的影响力。

论人死的时候能给后世留下什么，这本书就集结了演讲的内容。

他提出来的第一点是金钱。他认为政府不去做自己该做的事，群众不得不去众筹做事，这样的社会是不对的。但如果有了钱，确实能够做让世界变得更好的事情。不过，并不是每个人都能留下财产。从这个角度来看，金钱算不上是最大的遗产。

他提出来的第二点是事业，比如造桥或者修路之类的事情。如果海岛能通桥，那么岛上居民的生活肯定会得到改善。内村说，这种事业带来的虽然不全是好处，但也很重要。不过这种事不是每个人都能做到的，所以也算不上最大的遗产。

他提出的第三点是思想。思想有着改变世界的力量。作为一个哲学家，我当然也想留下自己的思想，但这也不是最大的遗产。

那么最大的遗产到底是什么呢？那就是我们曾经存在过的事实。这样的遗产谁都能留下来。我们可以告诉后人，我们活过了这样的人生。也就是说，**我们的活法，可以给后世带来勇气。**

不过，没有成就伟业也没关系。不必非得干一番大事。就像我一开始说的，**自己因为喜欢而去做的事情，兜兜转转给其他人带来了力量，这是最理想的状态。**

我不会劝人选择自我牺牲式的活法。有的人牺牲了自己，拯救了很多人的性命。但我们很难让其他人也选择这样的活法。

就算没做什么特别的事情，但"活过了这样的人生"这个事实，就已经能为后世做出贡献。

当然了，你活着这件事情，不仅是对后人，对当下时代的人来说，也是一种贡献。

**改变世界的第二十二步**

你的活法，能赋予别人勇气。

# 明天一定会到来吗

**岸见一郎**：我再补充一点，我刚才虽然说不安没有对象，或者说没有一个清晰的对象，但**不安会引导人走向虚无主义**。这个世界上什么东西都不可靠，什么都不能相信，曾经觉得绝对正确的东西其实并不是那么回事——当人经历这类心态的时候，就会感到空虚。这时再碰上什么事情的话，就会陷入世界上没有绝对价值的思维模式。

明明一直以来觉得某件事情是绝对的，但因为整个社会都变了，人就会察觉到那些事情并不是想当然的。眼下，有许多人恰恰正在经历这样的过程。谁也不知道新冠病毒感染今后会变成什么样，人们不得不改变自己的价值观。

**本以为理所当然的事情，其实不是那么一回事。越来越多的人一旦明白了这一点，就会拒绝思考。**这类人会被思想非常坚定的人当作俘虏，人一旦失去判断力，给他们洗脑就是一件非常容易的事情。

**B**：确实可能会这样。据说现在有的年轻人太"追求意义"了。每当被上司交代了去做什么事情，自己就会问："做这件事情到底有什么意义呢？"

如果没有得到回复，有些人就会放弃进一步的思考。

**岸见一郎：**会思考的人明白，今天这样的日子会不会持续到明天，这绝对不是理所当然的事情。

**A：**明天有可能不会到来吗？

**岸见一郎：**所幸明天还是会到来的。不过，就算明天到来了，也有可能会变成"今天从未料想过的明天"。核电站事故发生以后，我想：与截至昨天的世界相比，从今往后的世界完全变了样。

认为自己能预见未来的人，就不会感到不安。今天我们讨论过"为了逃避课题而制造出不安这种情绪"，但这里的不安和刚才说的不安完全不同。这里说的不安是指"看不见人生前景"的不安。

因为"没有"未来，所以看不见。"未来"意味着"尚未到来"，所以会有人觉得，未来是存在的，只是没有到来而已。其中还有人觉得，未来会发生什么已经注定，只是我们不知道而已。

**但其实并不是这样，未来会发生什么并不是命中注定的。**我们的人生，并不是今天把眼睛一闭，明天把眼睛一睁就会有的反反复复，我们每一天都必须自己创造新的人生。

**岸见一郎：**在座的各位有会弹钢琴的吗？

**A：**我会，以前学过。现在也会偶尔弹弹老家的钢琴。怎么了？

**岸见一郎：**我最近才开始弹钢琴。虽然太难的曲子还弹不了，但只要会弹一点，就能感到还挺有乐趣的。

在某个时刻，我察觉到了一件事。如果是听其他人弹奏曲子，自己不动手指也可以，但如果是自己弹奏，只要动作停下，音乐就会停下。说起来，这也是理所当然的。

人生也是，只有自己活过的部分才是人生。我们必须像弹钢琴一样创造自己的人生，一想到这一点，人就会感到不安吧。

**这种情况下的不安，不是阿德勒说的那种不安，正因为人没有不动脑子地活着，才会感受到前一种不安。**

一点都感觉不到这种不安的人，也就是一点都不动脑子思考的人，他们会被一些人灌输非常强有力的思想。

那些觉得能预见自己未来人生的人，恐怕就不思考吧。就算遇上了新冠病毒感染也能保持乐观，觉得像往常一样的日子很快就会回来，这种人就是什么都没思考。

还有那些看起来不像什么都不想的精英、高学历群体，就算拼命努力通过了考试，他们当中也有很多人并没有独立思考的能力。

面对有答案的问题，他们可以在短时间内巧妙、高效率地作答，但却没有能力应对没有准备好答案的问题。一个问题就算没有答案，也是有理由的。数学家就能够证明一个问题是无法证明的。

该怎样应对未知的病毒，这个问题没有先例，因此没法参考。面对这样的问题，他们有能力也没法发挥出来。因为这样的人头脑并不聪明，只是擅长机械性地解决问题。

这样的人没有独立思考能力。所以会发生这样的事情：有的人不加怀疑地听从教主的指示，就连杀人这样的事情也干得出来。这些乍一看头脑很聪明的人，其实根本就没有思考能力。

**A：**不去思考确实是一件很危险的事情。新冠病毒感染造成的恐慌，曾经引起人们热议。大家都争先恐后地购买和囤积口罩、食物等物资。我也慌慌张张地跑去买了。我觉得，今后万一再发生什么灾害，大米之类的东西短缺，这种恐慌就会再次出现。这也是恐惧的一种吗？

**岸见一郎**：没错。从立即付诸行动这一点来说，是的。不过，也可以说这是不安。**恐惧也好，不安也好，都是为了什么也不去思考。**今天的话题一直围绕着这一点。束手无策的绝望，外在表现就是恐慌。

有的人变得害怕出门，变得不安，甚至变得没法动弹，连路都走不了了，就像是乘坐电车时害怕进入隧道那样。这一类症状也是有目的的。一切终究是为了逃避课题。如果说一切都是因为有症状出现，没有办法，那自己就能接受了。

**认真思考人生的话，确实不可能感觉不到不安。但正因如此，我们才必须去思考。**对眼前应该着手应对的课题，我们必须不断地思考该怎样面对。因为不安而不断逃避课题的状态是不好的。尽管我们生活在一个让人不得不感到恐惧和不安的状态下，但正因如此，我们才不应该移开目光，要好好地直视现实。

世界上曾经出现过石油危机。石油价格飙升，世界经济陷入混乱。当时，人们买不到厕纸了。就像新冠病毒感染时期人们买不到口罩一样。明明是冷静下来思考一下就能明白的事情，但却有人因为看了报道，就什么都不想地往药店和超市冲去。

对于这些人，与其说他们是因为感到不安，因为陷入了恐慌才没法思考，不如说他们是因为不去思考，才感到了不安，陷入了恐慌。

**A**：我当时也感觉自己的思考停滞了。就像是中了"是我是我欺诈"[1]一样。哪怕陷入恐慌，就算为了自己不吃亏，也必须维持独立思考，对吧？

---

1　曾在日本大规模流行过的电话诈骗。诈骗的主要对象是老年人。犯罪分子在通话时用假装熟络的"是我，是我"来伪装成老人的儿女或者孙辈，诈取老人的钱财。

**岸见一郎**：年轻人也会遭遇网络诈骗吧。我们必须多多培养自己的思考能力，连这一类事情也要包括在内去思考。这样一来，就能保持冷静了。

**A**：具体来说，培养"思考能力"应该怎样做才好呢?

**岸见一郎**：首先，绝对不可以止步不前。这是为了见证当下发生的一切。不要停止思考，必须自己客观地去看待眼前发生的事情。

如果收到了账户被注销之类的邮件，试试看网站还能否登录，马上就能判别真假；如果收到了要求你输入密码的邮件，搜索和调查一下，马上就能找到警告你这是诈骗邮件的信息。

有人被骗买下了高价的商品，还有人被天上掉馅儿饼的事情骗了。这是因为这些人觉得有钱就能变幸福，于是被人钻了心理上的空子。

我希望大家不要觉得某种价值观是唯一和绝对的，而是要自己去学习该怎样生活，以及幸福是什么。

> **改变世界的第二十三步**
>
> 就算是为了保护自己，也不要停止思考。

# 第3讲

# 生活可以不绝望吗

# 在充满问题的社会中

**B：** 说到底，在这种处处是问题的状态下，我们到底能不能不绝望地生活下去呢？

**岸见一郎：** 你想问的是"能不能活下去，但不感到绝望"，还是"能不能就算感到绝望，也要活下去"呢？

**B：** 我想活下去，但不感到绝望。

**岸见一郎：** 这还是有点难度的。人有时就是会绝望。**就算感到绝望，也要思考怎样活下去，这样比较现实。**你这辈子见过从不绝望的人吗？

**A：** 或多或少都绝望过。比如，社团比赛输了的时候，没能进入理想的大学的时候。

**岸见一郎：** 对吧？你自己有过绝望的时候吗？

**C：** 何止有过，简直净是绝望的事情。

**岸见一郎：** 感到绝望的不仅是你一个。只是知道这一点，就能让心里轻松一些。**我希望大家能明白，就算一度感到绝望，这种状态也是能恢复的。**

且不论绝望的具体内容和程度，每个人都或多或少有过绝望。我们必须意识到这一点。

　　问题在于，陷入绝望的时候，该怎样做才能摆脱绝望，脱离这个状态。

---

**改变世界的第二十四步**

一度绝望，也能从头再来。

---

# 从绝望到希望

**岸见一郎**：什么都不相信的人不会绝望。**正因为抱有某种希望，所以才会感到绝望。**因为希望能这样，希望有那个，但却实现不了，所以才会感到绝望。

这时，与其聚焦于感到绝望这个事实，**不如试试看聚焦于原本抱有的希望。**

没有人不会绝望。换个角度来看，绝望其实是心怀希望地生活。

**B**：的确。可绝望过后，再重拾希望并不容易吧？

比如灾害过后，失去家园，家人颠沛流离，经历过这样的惨剧，还能从最糟糕的状态下重新燃起希望吗？

**岸见一郎**：那就必须下定决心，不要因绝望而止步不前才行。

经历某种事情的时候感到绝望，但"那件事情"已经是过去时了。如果不能解开过去的枷锁，就没法摆脱绝望。

我家以前住在河边上，从夏天到秋天，会经历好几次房子浸水。一旦房间浸水，就会好几个月没法使用。

有一年，我家又因为台风浸水了，台风过去的第二天一早，天一下子放晴了。一名男性站在碧蓝的晴空下，望着已经完全被水淹没的田地。眼看马上就要收获了，按照原本的计划，那一周的周末就该收割了，可现在做什么都没用了。

神奇的是，那人脸上没有一丝阴云。我跟他搭话说"好严重啊"，却惊讶地发现，那个人脸上挂着一副若无其事的表情。

**C：**所有功夫都白费了，真是令人绝望的状况啊。那个人怎么能这么淡定呢?

要是我的话，可能会觉得"完蛋了"，会逃走。

**岸见一郎：**因为那个人明白，对于已经发生的事情，无论怎么叹息，都已经无济于事了。对于已经发生的事情，我们只能接受。

毫无疑问，这样的情况很糟糕。**只不过，我们无法回到过去，只有接受现实，客观地认清眼前的状况，才能从绝望中走出来一点。**

就算短时间内无法振作起来，只要花些时间，早晚能够放手。时间是不可逆的，它不会倒流。

**C：**从人生低谷中振作起来，要花多长时间呢?

**岸见一郎：**每个人需要的时间都不一样。我母亲在她四十九岁的时候去世了，我花了十年的时间才接受了这个事实。

**C：**您变得能接受死亡，是因为什么契机吗?

**岸见一郎：**没有什么特别的契机，只是从某一天开始不再梦见母亲了。

母亲刚去世不久时，我经常会想起她，也会梦见她。有一天，我下意识地又在回忆母亲，突然意识到，我光顾着回首过去，一直在一个地方停滞不前。

从开始思考接下来能做什么的那一刻起，我就能从绝望状态中一点一点地走出去了。人会因为过度悲伤而受到巨大的打击，变得什么也不做，但这种状态不会一直持续下去。

C：如果说正因为有希望才会绝望，那从一开始就不抱有希望，不是会活得更轻松吗？

**岸见一郎**：人不可能轻松地活着。

---

**改变世界的第二十五步**

如果感到绝望，那就聚焦于原本抱有的希望。

---

# 变得孤独的人

**B：**既然还有转好的可能性，那为什么有人还是会选择自杀呢？

**岸见一郎：**这是因为他们觉得，令人绝望的事情会一直持续下去，自己没有能力摆脱那种状态。

面对正在绝望的人，没绝望过的人可能会说"现在发生的事情根本没什么大不了，很快就能忘掉"之类的话。但对于陷入绝望的人来说，这种话是听不进去的。

如果自己做不到，也可以借助他人的力量。但有的人不会这样做，或者说，他们觉得这样做是不可以的。他们不知道，就算没有遇到困难，人也不是独自一人活在这个世界上，而是活在和其他人的联系之中，借助他人的帮助生活下去的。不过，也有人并不认同这个事实。

但是，**绝望的状态不会永远持续下去，有必要的话，也可以向其他人寻求帮助。如果这样想，就能摆脱绝望了。**

重点在于，千万不要钻牛角尖。

如果认为其他人根本就不理解自己的想法，根本没人能明白自己的痛苦，就会认定自己是正确的，其他人不理解自己太过分了，因此对其他人产生恨意。

**因绝望而想要寻死的人是孤独的。一个孤立无援的人，会认为自己是正确的。**

对于陷入绝望的人，就算周围的人想帮忙做些什么，实际上能做到的事情也相当有限，只有告诉他们："如果有什么我能做到的，希望你可以告诉我""我希望能帮上你的忙"。

**B**：也就是说，认为自己正确的人会感到绝望，最后寻死。那么，寻死的人都是傲慢的人吗？

**岸见一郎**：不能说他们傲慢。那只不过是他们解决问题的方法不对罢了。如果认为自己是正确的，然而没有任何人能理解自己，那就无法向任何人倾诉自己的烦恼，随之变得孤立无援。

在内心感到痛苦的时候，如果有可以倾诉的人，可能就不至于去寻死了。**虽然不确定对方能否理解自己，但人只要觉得自己还能找到倾诉对象，就会去和别人商量，这样就还有救。**

但是，如果认为世界上根本没人能理解自己的想法，不去跟任何人倾诉，当然就没法获得任何人的理解。

如果觉得谁都不理解自己的话，就会认为只有自己是正确的。这样孤立的人会因为绝望而去寻死。

**C**：但是，如果这个人身边确实没有能听他倾诉的人呢？我自己也经常会觉得没法和任何人商量。

**岸见一郎**：这确实是个难点。毕竟，并不是找谁商量都可以，万一遭到一通说教可受不了。

但我觉得，如果表达出"希望你可以听我倾诉"，就能找到可以倾诉的人。如果有人这么跟你说，你也会听的吧？

**C：**我会的。不过，也有可能出现对方没时间，或者当时没法听你倾诉的情况。

**岸见一郎：**当然了，就算跟别人说"希望你可以听我倾诉"，有时也会遭到拒绝。不过，如果只是因为会遇到这种情况，就认为谁都不能理解自己，也是没有道理的。

**B：**但我忍不住觉得，活在这样一个世界上，今后选择死亡的人会越来越多，这也是没有办法的事情。全球气候变暖越来越严重，环境逐渐恶化；年轻人不得不背负起高龄社会的负担，有可能没法活出让自己满意的人生。

有时我想不明白，在这种严峻的状态下，为什么还非得活下去不可。

**岸见一郎：**"今后选择死亡的人会越来越多，这也是没有办法的事情"，这话说得真可怕，但其实并不是没有办法。**我希望大家能去创造一个让人想要活下去的世界。**

---

**改变世界的第二十六步**

鼓起勇气和其他人商量。

---

# 即使孤独，也不要孤立

**A：** 也就是说，绝望和孤独密切相关，对吧？

**岸见一郎：** 对的。与其说是和孤独密切相关，不如说是孤立。因为对于生活来说，孤独是必要的东西。

**A：** 孤独和孤立有什么不一样？

**岸见一郎：** 孤立指的是与其他人之间的隔阂。而孤独的人就算处在被隔开的状态，也能感受到与他人之间的联系。

我认为，**组织和社会中的不正当行为之所以层出不穷，就是因为人们没有"孤独的勇气"。**

如果上司或者职场中出现不正当行为，就应该去告发。但是，做了这样的事情，可能会破坏组织的和睦，也可能会导致自己失去立足之地，还有可能被其他人责怪说"多管闲事"。

一旦这样想，人就有可能眼睁睁地看着不正当行为发生，而不去告发。这样的人害怕被孤立。

"自己该说的话就要说出来""看到不正当行为就必须去告发"，这样想的人拥有孤独的勇气，能够和不正当行为斗争。

到底有没有人能保护自己，不到告发的那一刻是没法知道的。但是，不在意别人怎么想，不怕自己的立场恶化，有勇气**"为了自己，也为了别人，做真正应该做的事情"的人，是不害怕孤独的**。要说最后到底会发生什么，那就是不容许不正当行为发生的人，会发现自己并不是孤身一人。

这样的人是不会被孤立的。有些人为了自保或者出人头地，哪怕做出不正当行为也面不改色，这样的人姑且不论，至少觉得"其实这种事明明不可以做"而受到良心苛责的人，是无论如何也不会做出自绝性命这种事的。

**我希望大家明白，这个世界上一定有支持自己的人。我希望大家不要害怕孤独这件事。就算你孤独，也并没有被孤立。**

一方面，做出违背正义的事情，感到良心受苛责的人结束了自己的生命；而另一方面，通过不正当手段，光顾着追求自己利益的人，尽管一时的风评下降，最终也还是出人头地了。这样的事情真是没道理到极点了。

**如果你想改变这样的世界，那么你的思考就不应该从自己所属的这个共同体出发，而是从更大的共同体出发。**

那里一定有支持你的人。要保持这样的信念并不容易，但用阿德勒的话来说，那就是希望大家相信自己有"同伴"。

**我们所必需的，是像这样的伙伴关系和"真诚的关系"**。只有通过隐瞒不正当行为才能维持的关系，是虚伪的关系。

不先斩断虚伪的关系，就没有办法建立真诚的关系。如果你觉得某件事是错的，就算大家都一团和气，你也必须站出来说："这不是很奇怪吗？"

**改变世界的第二十七步**

拥有"孤独的勇气"。

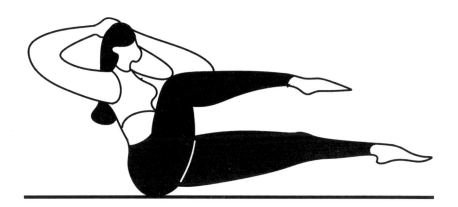

# 不向不正当行为屈服

**C：** 看来，保持对他人的信赖感是非常重要的。

但是，要怎么做才能对他人信赖到那种程度呢？虽说相信自己的善良本性，就能变得相信他人，但遇到怎么看都不像好人的人该怎么办呢？

比如说，我们公司有个领导，年轻员工都因为怕遭到职权骚扰而忌惮他。他怎么看都不像是个好人。这样的人也能去信赖吗？

**岸见一郎：** 刚开始的时候，最好不要把难度设得那么高。拿怎么看都不能信赖的人说事，认为没法信赖所有人也太奇怪了。

面对职权骚扰的领导，有人还想要得到他们的认可，通过观察和忖度领导的脸色行事，帮助领导掩盖不正当行为，从而获得晋升，我觉得这种人不是好人。

但我觉得，世界上一定有不赞同这种活法的人，有不想采取这种活法的人。我们必须从这个层面上去相信他人。

**就算很多人保持沉默，只要自己觉得这样不对劲，就可以相信这个世界上还有跟自己想法一样的人。**

**B：**也就是说，要相信自己心中的正义感，对吗？这和让不让座这个话题也能联系起来。

**岸见一郎：**没错。如果认为只有自己一个人觉得不对劲，那就是孤立状态。

假设你遇到一件让你觉得不对劲的事情。比如说，关于同事或者领导，甚至是公司，你产生了"这不对劲"的想法，虽然能找到有同样想法的人交流，但一旦到了和权力面对面的时刻，就算自己发了声，其他人也有可能会默不作声吧？

**B：**有这种情况。那样一来，就会感觉遭到背叛，变得不再相信他人。

**岸见一郎：**我觉得，遇到这种情况，只能选择相信自己了。

**必须相信自己是这样的人才行：无论遇到什么事，自己都不会向不正当行为屈服。**

**B：**可我没有信心能变成那种超级英雄一样坚强的人……

**岸见一郎：**没有自信，只不过是没法坚持不向不正当行为屈服的借口罢了。

**遵从理性和良心下定决心，不变得坚强也可以做到。**

我们还必须明白，别人也不全都是在关键时刻保持沉默的人。和自己一样觉得不对劲的人，哪怕现在不在身边，也肯定存在于某个地方，并不仅局限于职场上的人。认识或者没有认识到这一点，区别可是很人的。

**A：**对于已婚的人来说，伴侣就是这样的伙伴吗？

**岸见一郎：**是的。只不过，有人回家以后不聊工作的事情。还有人不喜欢在家里听到工作的事情，不想把职场上的牢骚带进家里。

在这样的家庭里，工作上的事情基本上不会成为家人之间的话题。因此，有的人连自己的伴侣在做什么样的工作都不怎么了解。

也有的家庭情况恰恰相反。如果夫妻双方有一方从事的是专业工作，另一方却总是把当天孩子的事情和邻居的事情挂在嘴边，那么前者可能会觉得厌烦。有些话确实惹人烦，但家里没有能好好听自己倾诉的人也是一种不幸。

**C：** 会有这种情况。现在的风气是，聊天的时候不能夹带负面情绪，必须保持积极向上。谁消极了，谁就没面子。

**岸见一郎：** 还有人觉得引发风波是不可以的。刚才我也说过了，有的人一想到说出"这不是很奇怪吗？"，和睦的职场就会掀起波澜，就会什么都不说了。就算职场实现了这种形式的团结，那也只不过是虚伪的关系罢了。大家只不过是在对问题视而不见罢了。

只不过，刚才我也提到，我们必须去相信他人。比如，刚才说到的因为贫血在电车中晕倒的情况。人在需要帮助的时候觉得自己一定能获得帮助，才会向别人寻求帮助。迷路的时候大家不是会问路吗？这就是因为我们相信会有人给我们指路。就算有人不指路，我们也不会因此觉得"所有人"都不指路吧。

### 改变世界的第二十八步

相信自己和他人的善良。

# 哪怕不被人理解

**B：**的确。紧急情况下没有挑人的余地，但问路时有可能选择搭话对象，比如某个人看起来可能会帮忙之类的。

**岸见一郎：**刚才我们说到，遇到困难找周围的人商量就好了。这时我们也会选择看起来会听我们倾诉的人。

虽然聊一聊并不能解决问题，但如果认为跟谁说都没用，就会演变成自己一个人承担问题的情况。各位在什么情况下会想找人聊一聊呢？

**B：**在觉得对方应该会倾听的情况下。如果对方不仅不听我说话，还要教育我，我是不会想跟对方聊的。

**岸见一郎：**如果跟一个人倾诉，对方不仅绝不会批判自己，还会认真听到最后，只有觉得对方会是这样的人，才想开口聊吧。但很多人会在倾听的途中插嘴，说"那是不对的"。

**C：**我会觉得，如果你听我说下去，会发现事情其实不是那样的。

**岸见一郎：理解和赞成不是一回事。**有时候明白对方说的话，也没法赞成。尽管如此，我们依然有必要理解对方说的话，至少试着去理解。

要赞成还是要反对，把话全部听完才能判断。我希望大家先好好地把别人的话听完，然后说"你的话我听明白了"。

在这个基础之上问问对方，我能不能说说自己的想法，如果对方表示可以，就说"我充分理解了你的想法，但我无法赞成"，再说说你哪里不赞成。经过了这个步骤，对方就不会觉得跟你倾诉也只会遭到反对了。

我再强调一遍，**我希望大家明白，这个世界上绝对有人能理解自己说的话，哪怕只有一个人**。

一旦觉得谁都不理解自己，就会认为只有自己是正确的，因而变得自我，变得封闭，变得孤立，有时还会对不理解自己的人产生恨意。

但是，**我希望大家不要忘了，自己的想法不说出来，是不会得到理解的，就算找人商量了，也不必商量一次就结束，可以再多商量几次**。

B：无论是对别人还是对自己，都不能太钻牛角尖吧。

**岸见一郎**：太过于坚持对错，就会让事情变成输赢的问题，就像一些宗教信徒被逼入绝境后会实施恐怖主义行为。

刚才我也说过了，当一个人觉得谁都不能理解自己，他并不会认为"那是因为自己错了"，而是会觉得"自己是正确的，只是不被人理解"。如果他承认是自己错了，就相当于自己输了。

A：也就是说，孤立的人被逼入绝境后，会变得自以为是。在亲子关系中也是这样吗？我自己得不到父母理解的时候，就会想憋在房间里不出来。

**岸见一郎**：父母如果总是把正确的道理挂在嘴边，孩子会感到困扰。因为，如果孩子接受了父母说的话，就会感觉是自己输了。

当然，就算是父母说的话，有时也会完全不着边际。

A：这种情况下，孩子该怎样应对呢？

**岸见一郎**："爸爸妈妈的意思,我已经充分理解了。但是我不赞成。"这样说就好了。

**A**:这样说难道不会挨骂吗?

**岸见一郎**:那就让他们骂好了。父母的说教,大多围绕着孩子的课题。想要活出怎样的人生这件事,由孩子自己决定就好了。就算父母对孩子说教,也不能代替孩子为他们的人生负责。

**A**:不能负责是什么意思?

**岸见一郎**:比如说,父母反对孩子的婚姻,孩子选择了服从。但是,孩子就算和父母推荐的人选结了婚,也不一定会过上幸福的生活。到那时,孩子没法责怪父母。是孩子自己选择了服从父母,因此要为自己负责。

---

**改变世界的第二十九步**

聊一次没有得到对方的理解,那就多聊几次。

---

# 被信任的人背叛

B：像我这样的年轻员工在公司里地位很低。在公司里感觉到"这样不对"的时候，我也必须和领导抗争吗？

**岸见一郎：**没有必要抗争。只要好好表达出自己的主张就好了。

B：这样做不是反而会导致自己在职场上被孤立吗？

**岸见一郎：**不会的。就像我刚才说的那样，职场上也一定有支持你的人。

遗憾的是，**就算职场上没有支持自己的伙伴，有的人会想"这个世界上一定有理解我的人，哪怕只有一个"，有的人会想"没有人理解自己"，这两种想法有着天壤之别。**再强调一遍，我希望大家能保持对他人的信赖感。

B：如果被信任的人背叛，该怎么办呢？会变得再也没法相信任何人。

**岸见一郎：**哪怕不是在职场上被孤立这样的情况，只要选择相信一个人，就有可能遭到背叛。

但是，**就算这个人背叛了你，也不等于全人类都会背叛你。**一旦你变得谁也不相信，变得绝望，就不再会和他人产生联系。

并不是因为遭到了某人的背叛，才变得害怕跟他人产生联系。**实际上，是为了不跟他人产生联系，才搬出了过去遭到背叛的经历。**

如果一个人和他人之间的联系相当有限，那么他一旦遭到眼前人的背叛，就会觉得世界上所有的人都会背叛自己。但其实不是这样的。

世界远比你想象的大得多。因此，**世界上一定有能理解你的人，只是这个人你还没有遇到。**

**改变世界的第三十步**

不要因为遭到一个人的背叛而放弃相信他人。

# 经历痛苦的失恋时

C：还有那种跟喜欢的人交往，甚至到了谈婚论嫁的地步，最后却被甩的事情。失去一个人以后，可能会觉得以后再也没法谈恋爱了，因此感到绝望。

**岸见一郎**：失恋的沉重打击是很难治愈的。但你只是被一个人甩了而已，并不能把这种情况普遍化。不要觉得从今以后再也遇不到自己喜欢的人了。

B：我自己就被以结婚为前提交往的人背叛了，后来哪怕再遇到其他男性，我也会觉得，这个人会不会跟前任一样，男人是不是最终都会背叛。

**岸见一郎：人们用"总是""全都""一定"这类词语形容的情况，大体上都不是那么回事。**

这仅仅说明，我不适合和"这个人"结婚，因此而怀疑所有男性是不对的。这只不过是为了坚定"今后不结婚"的决心，搬出过去的事情当挡箭牌罢了。

事情肯定会和之前一样，这样的不安是自己制造出来的。这样一来，到两个人之间真的出现问题时，恐怕人就会搬出用过去经历制造出的不安，坚定地让事情朝着"不结婚"的方向发展。

**和某人之间发生了悲伤的事情，这是偶发事件。但这并不意味着悲伤的事情会发生在你和任何一个人之间。不要把某一次经历普遍化，下一次恋爱就会不一样。**

用阿德勒的话来说，就是有人爱利用不幸的爱情故事。人们喜欢不幸的爱情故事。很多人会觉得，一帆风顺的爱情故事一点意思也没有。

那样的小说或者电影也不怎么流行得起来。总的来说，就是大家更喜欢磕磕绊绊的故事。要说为什么，那是因为人们为了恋爱或结婚，需要那样的故事。

因此，如果我们身边有人在考虑是否结婚时，打算把过往的某一次经历当作判断依据，那我希望大家能劝他们不要这样做，并且应该去帮助他们。

**希望大家反而能够觉得，失恋了真好。说不定有更久之后才会暴露出来的问题，我们在结婚前就已经发现了，这样想就好了。**

有时候，以某个变故为契机，恋爱或婚姻会开始变得不顺。但是，与其说是因为这个变故让关系变差，不如说是两个人的感情可能本来就有问题，只不过问题恰好在这个时机凸显了出来而已。我认为，我们今后能做到的，就只有重新学习建立人际关系的方法。你们觉得呢？

**B：**我同意。只不过，想法的确很难立刻转变。

一直以来，我都觉得是男朋友不好，把恋爱问题都怪在他们头上。那么有没有可能，不仅仅是男朋友，我自己也有问题呢？

**岸见一郎：**很有可能是这样的。就算换一个人谈恋爱，也会重蹈覆辙。

**B：**我交往过的都是些不怎么样的男性，有的甚至会诉诸暴力。因此，恋情经常不顺利。所以，在上一段恋情中，我觉得终于碰到一个正常人了。

我一直憧憬着那种双方很相爱，白头偕老的关系。我一直相信，一旦立下结婚的誓言，我也能拥有那样的关系。

所以，他向我求婚时，我觉得不管今后发生什么，两个人一起就一定都能克服。当时我们是远距离恋爱，我还为此辞去了工作，放弃了此前积累的一切，去了他身边。但是，这段感情到最后还是结束了……

于是，我心中的"神话"崩塌了。我开始觉得哪怕宣誓了永恒的爱，关系也会结束的话，干脆以后再也不要恋爱了。

**岸见一郎**：世界上根本就不存在永恒的爱，有的只是临时的关系。回想起来，不过是一起生活了挺长一段时间罢了。

构筑起一段关系，必须通过日积月累的努力。如果觉得不用付出努力，订婚也好，结婚也好，全都会自动朝好的方向发展，那么两个人的关系一眨眼就会走到尽头。

**改变世界的第三十一步**

和一个人之间产生的问题，并不一定会发生在其他人身上。

# 爱需要每天努力更新

**B：** 为了构建关系而付出努力，具体来说是什么呢？

**岸见一郎：** 爱需要每天努力更新。就算今天和这个人度过了美好的一天，也不知道明天会怎么样。不过，明天的事情明天再想。

如果这种努力有所懈怠，原本以为是永恒的爱，一眨眼就会变得不再永恒了。

**B：** 但如果我自己明明在努力更新，对方却半途而废的话，该怎么办才好呢？

**岸见一郎：** 这是个难点。**爱不能靠一个人构建，而是两个人的共同课题，因此才难办。**靠一个人的努力是行不通的。

只有在确信两人能一起做到上述努力的情况下，才能为婚姻这件事开绿灯。

如果这次交往的对象做不到，那么两人之间早晚会重蹈覆辙吧。也就是说，之前碰到过的问题，结婚前又出现了。

我只能说，**无论对方如何，至少我们自己要先努力更新爱情。**

努力可能给人感觉是一些辛苦的事情，但因为这种努力会让关系发展得更好，所以它应该不是痛苦的，而是令人喜悦的努力。最好是两个人能步调一致地努力。但不管对方怎么样，我们只能先从自己做起。

弗洛姆[1]说过，**我们要思考的，不是怎样得到爱，而是怎样去爱。**

因此，一段关系无论如何都有可能陷入不良状态。如果恋爱对象不够成熟，并且这种不成熟得到了包容，那么最后可能就会发生非常悲惨的事情。

**B：**这不会太苛刻吗？爱到底是什么呢？

**岸见一郎：爱不是想着对方能为自己做什么，而是想着自己有什么能做的。这一点和对方爱不爱自己没有关系。**

**B：**我感觉这很难做到。

**岸见一郎：**没错。所以不要轻易涉足爱情。

阿德勒评价说，恋爱和结婚是人生课题中最难的。因为，跟职场或普通的人际关系相比，爱和婚姻中的距离感、亲密度都是最近、最深入的。

和一个人长期相处，基本上可以说是最难的一项本领。就算是那些相处了很久的夫妻，如果你仔细问问他们的情况，也应该会发现每对夫妻的情况都不尽理想，都存在着各种各样的问题。

因为彼此都不完美，才会时不时发生冲突。尽管如此，有很多人正是通**过每日更新"和这个人一起生活下去吧"的决心，才实现了长久地相处和婚姻关系的维持，哪怕他们并不完全是理想的夫妻。**

---

1　埃里希·弗洛姆（Erich Fromm，1900—1980），美籍德裔精神分析心理学家、哲学家，代表作有《逃避自由》《爱的艺术》等。

**改变世界的第三十二步**

比起被爱，更应该想想自己每天能为对方做什么。

# 好的人际关系的四大条件

**岸见一郎**：话说回来，从一开始就不要期望太高。好的人际关系有四大条件。其中一个条件是"目标一致"。也就是说，**接下来要朝哪个方向前进的目标是一致的**。这个目标不一致，关系就会走进死胡同。

如果连住在哪里、工作如何解决，还有从一开始就准不准备结婚的目标都不一致，就算"相互尊重""相互信任""相互合作"这些其他条件能满足，关系的发展也不会顺利。

**C**：如果双方心中描画的未来图景不一致，就会落得一个悲惨的结局，很多情侣都是这样的。我自己也是，就以后生不生孩子这个问题跟伴侣发生了争执。其他三个条件是怎么回事呢？

**岸见一郎**：要平等地看待彼此。这就是"尊重"。还有"信任"，这一点是说，**就算没有根据，也要相信对方**。无条件的信任，是拉近两人之间关系的必要条件。

**B**：这一点很难实际操作吧。在没有根据的情况下相信对方，您能举个这样的例子吗？

**岸见一郎**：比如说，朋友宣布从明天开始减肥，你不要说"又来了"，而要说"加油"。不必拿过去的情况来说事。

**C**：那"相互"是什么意思呢？

**岸见一郎**：就是普通的"你我一起"的意思。但是，**我们首先得从自己做起，去尊重对方，信任对方。**

**B**：难道不是应该先看看对方的表现，再决定要不要信任对方才更放心吗？

**岸见一郎**：在这样想的时候，你就已经在不尊重也不信任对方了。**人际关系不是战略，也不是交易，也无关输赢。人很难去背叛一直信任自己的人。**

还有，**当遇到问题时，两个人协力解决，这就叫"相互合作"。满足了这四个条件，一段关系就能说是好的关系了。**

抛弃了一切，只为来到他身边，这乍一听起来可能像一段佳话。但是，明明对方的生活没有任何改变，只有你自己辞了工作，换了环境，让自己陷入不利状态，这样哪怕对方尊重你，信赖你，你们的关系也会陷入危机。

这样下去，原本的相互尊重、相互信赖状态也会出现危机。再后来，别说共同协作了，其中一方甚至会明显表现出单方面要求另一方配合自己的态度。就这样，意识到双方的关系没法满足全部条件后，两个人最后分手，这是很自然的事情。

就像我之前说的那样，人际关系进展不顺利，有你自己的问题，也有两个人之间的问题，却动不动被当成对方一个人的问题。我们每天都应该反思一下，自己有没有做到每天努力更新爱，以及有没有努力去满足那四大条件。回到最初那个话题，结论就是我们没有必要因为失恋而变得不信任所有异性。

　　我不希望大家把之前的经历当成不结婚的理由。重点在于，想要积极地继续前进，就不能把过去的问题普遍化。这一点可是首要任务。

> **改变世界的第三十三步**
>
> 回顾自己的每一天，与伴侣相处，有做到"相互尊重""相互信任""相互合作""目标一致"吗？

# 爱没有回报

**岸见一郎**：还有，爱一个人的时候，不要求回报。

**B**：但是，明明自己为对方做了很多事情，却没有得到任何回报，会寒心的吧？

**岸见一郎**：一说到不求回报，就会有人强烈反驳。因为很多人在谈恋爱时会附加很多条件。

但我觉得，先确保这段恋爱能成功才确立关系，这样很奇怪。

问了问年轻人，我发现有的人要先确认对方确实喜欢自己，才会向对方表白。如果不确定对方是否喜欢自己，就不想谈恋爱。

现在的年轻人可能不会用"相亲相爱"这个词了，但他们的情况正是：不"相亲相爱"就不会跟对方表达自己的心意。对方也喜欢自己这件事，如果从一开始就知道的话还好，如果不知道就不要冒险。这种做法就是给恋爱附加了条件。

**B**：好不容易开始交往了，到了谈婚论嫁的时候，对方就会像写说明书一样提条件。这样的人很多吧？

**岸见一郎**："我觉得大学毕业以后，不立刻找工作也没关系"，如果对方这样说，你不觉得困扰吗？在很多情况下，"不一定能马上找到全职工作""想慢慢来"之类的话一说出口，两个人马上就会散伙了吧。

或者，一个人本来在大公司上班，但有些别的想法，不久就跳槽到另外的风险咨询企业去了。有人会觉得这种事真是岂有此理。

**B**：在这方面，我自己大概是无所谓那一派的。

**岸见一郎**：对不在乎的人来说，这并不是什么问题，但有的人是想在婚姻中求安稳的。

更进一步说，是想要求成功。想要那种谁看了都羡慕的婚姻。你们见过这样的人吧？比如说，要求结婚对象的年收入达到多少以上之类的。

我的学生生涯持续了很长一段时间，其间没有收入，婚后也是靠妻子来照顾家庭。那时的我几乎可以说是零收入。单看这一点，会有人觉得我这样的人竟然也能结婚，但其实结婚和年收入、成功都无关，因为对方愿意和我一起度过余生，我们才结成了婚。要不是这样，我这个条件可能就很难结婚了。

**B**：我们这一代人里有很多人没能成为正式员工。那样的话年收入就会很低，结婚什么的想都不敢想。据说这也是造成社会少子化和老龄化的原因之一。

**岸见一郎**：**很多人说，因为没有钱，所以没法结婚。这的确是让人纠结要不要结婚的一大理由，但不应该是根本理由。**当然，这其中确实也有社会层面的问题。

过去还有过整个社会都贫穷的时代，比如昭和三十年代[1]。直到东京奥林匹克运动会召开那会儿[2]，日本的社会才开始渐渐繁荣起来。

在此之前，日本社会真的还残留着一种贫穷感。但是，并不是说所有人都因此不幸，结婚的人也并不是非常少。

反而是有钱人并不一定幸福。因此我认为，没钱这件事确实是不结婚的一大理由，但不是决定性理由。

现在有一种说法是，必须要有两千万日元[3]才能养老，我觉得这比以前的情况更糟糕。把这些事情全都算清楚，就能决定要不要跟一个人结婚了吗？真想和一个人结婚的时候，要把十年、二十年以后的事情都想好才能结婚吗？

**C：**不是的，现在经济形势很严峻，犹豫着要不要结婚的人很多。光是自己生活所必需的、最低限度的钱都不一定能挣到，就更别想着去养女人了。

我觉得正因如此，很多女人才会觉得，要结婚就得找一个收入稳定的人。

**岸见一郎：**"养"女人真是个古老的说法啊。可就算和收入稳定的人结了婚，婚后生活也不一定会一帆风顺啊。

和高收入、有社会地位的人结了婚，可婚后才知道对方有家庭暴力行为，这种情况也是存在的。结了婚才知道，在职场上受人尊敬的领导，到家却像变了一个人，这样的案例也是存在的。

---

1　指1955年到1964年间。
2　昭和三十九年，也就是1964年，第十八届夏季奥林匹克运动会在东京举办。
3　按作者写作时间（2021年12月）的汇率换算，约合人民币112万元。——编者注

**我认为很多人向往着虚幻的婚姻，根据外部条件做出了决定。**

C：但实际上就是这样吧？年收入高的男性更受女性欢迎。在婚姻介绍所也是的，年收入低于一定程度的男性，别人看都不会看一眼。

难道不是取得成功，受到许多女性的青睐更幸福吗？

**岸见一郎**：这基本上可以说是痴心妄想了吧？就算你说的是真的，一些人因为你年收入高才接近你，难道你希望受到这种人的欢迎吗？一旦你收入减少，她们就会立刻和你断绝关系。

> **改变世界的第三十四步**
>
> 不要给爱附加条件。

# 结婚是为了什么

**A：**那么，在一没有钱，二对将来感到不安的情况下，也能步入幸福的婚姻吗？

**岸见一郎：**当然能了。用阿德勒的话来说，非得有钱才肯结婚的人，是出于虚荣心。换句话说，总是想被注意到的人，才会执着于金钱。所以重点在于，不要有那样的虚荣心。

举例来说，如果要和没有固定职业，工作反复变动的人结婚，大多数父母会反对。但只要两个人都理解这一情况，那就没问题。父母会担心你们的生活，但其实不管是一个人生活还是两个人生活，生活费并不会差那么多。

阿德勒说，当人有归属感的时候，不安就会消散。

不管是在家里，还是在社会或学校里，人都需要感觉自己属于某个共同体，感觉自己有容身之处。这是人之所以为人的最基本欲求。

**在人与人的关系中能感受到牵绊的人，就能驱散不安。**

把这一点套用到反对不正当行为的例子上，也是说得通的，因为那样一来，人就不会感到自己是孤立的。虽然可能会感到孤独，但一想到世界上一定有人支持自己，就不会再感到不安了。

有的人做出不正当行为，虽说是为了领导，但还是担心这样做可能不利于自己将来的处境，因此感到不安；觉得世界上没有人和自己产生牵绊，因此选择了死亡。

C：也就是说，这种人选择死亡的时候，既没有伴侣，也没有和身边其他人产生什么牵绊，是吗？

**岸见一郎**：那就说不准了，因为有很多人跟自己的家人也不倾诉。不过我并不是说，人要为了消除不安去结婚。

尽管如此，**在人生中，如果有人和你共同生活，有伴侣跟你形成了很强的牵绊，那么在遇到各种困难的时候，他们的存在就会让你心怀感激。**

C：看来伴侣的存在很重要。那么就算没结婚，也能克服生活的困难吗？

**岸见一郎**：重点在于人和人之间的牵绊。对于已经结婚的人来说，这牵绊就是伴侣。

就算没结婚，如果有亲近的朋友或父母等对自己来说很重要的人，那么在遇到困难情况的时候，这些人的存在也会给你带来力量。

**改变世界的第三十五步**

与人"产生牵绊"的感觉，会给你带来力量。

# 感觉工作很痛苦，没法再干下去的时候

**C**：职场上的人际关系曾让我感到很痛苦，但我却没法和任何人商量，最后得了抑郁症。

**岸见一郎**：在我工作过的医院的精神科，有很多男性来看抑郁症，他们没找任何人倾诉，独自一个人扛着烦恼。就算面对伙伴，他们也没法卸下防备，毫无保留地说出真心话。明明都痛苦到没法上班了，却还是无法跟任何人开口。

很多人一早醒来，突然发现自己的身体无法动弹。去医院检查，常被诊断为抑郁症或者抑郁状态。如果能早点说出自己受不了了，没法再继续工作，可能就不至于发展到抑郁症的程度了。

**A**：抑郁症都有什么样的症状呢？

**岸见一郎**：会早上起不来，会觉得浑身没力气，晚上也睡不着。对此，医生能做的，也只有给你开点安眠药罢了。虽然也有药能抗抑郁，但这种药有利有弊，而且短时间内没法看出哪种药能起效。

此外，要治抑郁症，不能光消除症状，还必须结合人际关系来考量。

**阿德勒心理学的原则认为，症状不是从你内心产生的，而是在与他人的关系中产生的。**不解决人际关系问题，症状就会越发恶化。

因此，就算痛苦得不得了，也不要以驱除症状为心理咨询的目标。不过，只有当一个人的症状缓解了，能冷静地看待自己时，才能去做心理咨询。

心理咨询不可能一直做下去，它应该有一个目标，要在达成某件事情之后结束。这个目标得早点决定，最好是第一次咨询的时候就定下来。**如果一个人以驱除症状为目标，而真正的目的是逃避人生课题的话，症状就有可能换成一种新的形式被重新制造出来。**

如果下定决心不去上班，那就说你不想上班。然而，自己不能允许自己不上班，其他人也不会认可。

如此一来人就会想，要是得了抑郁症就能休假了。按照阿德勒的说法，只要这个人还是不想上班，那么哪怕用药消除了症状，也马上会有别的症状缠身。而且在大多数情况下，后出现的症状会更棘手。

**A：**如果心理咨询不以驱除症状为目标，那应该以什么为目标呢？

**岸见一郎：**症状本身也有它所针对的"对象"。心理咨询的目标，应该在于改善和这个对象之间的人际关系。

**B：**那对于工作上的烦恼该怎么办呢？

**岸见一郎：**通常来说，工作不是靠一个人完成的。有同事，有领导。就算是做自由职业，也有客户。所以，心理咨询要处理的是患者和这些人之间的人际关系。我一个人就能写书，但也需要处理我和编辑之间的关系。我上课的时候，也需要处理我和学生之间的关系。人际关系可以说是工作的内容之一。销售类型的工作不正是人际关系的体现吗？

**B**：我就是做销售工作的，但比起人际关系，更让我感到痛苦的是指标。在这种情况下，我该怎么办呢？

**岸见一郎**：如果遇到了所谓的黑心企业，那就只能诉诸法律手段。接下来我说的话，都是以非黑心企业的情况为前提。

指标也是人际关系问题。指标是领导定下来的吧？如果领导把指标强加到自己头上，那就必须跟领导交涉。只要说"现在的指标实在是没有办法完成"就好了。

**B**：要是说了这种话，领导可能会说："那你别干了啊。"

**岸见一郎**：但我觉得，如果你不干了，公司也会头疼的。

**B**：可我感觉领导会说："能代替你的人要多少有多少。"

**岸见一郎**：那是唬人的。明智的领导会说："质量比数量更重要。"

我经常会想，要是有编辑能对我说这样的话就好了："希望您能写一本好书，我们不着急。""如果身体不好，就不必勉强自己。""比起匆匆忙忙地写好几本书，我更希望您多花些时间写一本好书。"

要是能有这样说话的领导就好了。但是，**你自己必须先相信，其他人没有办法替代你。**

有一次我因为心肌梗死住院了。编辑并不知道我住院，还送来了书的校对稿。但我却没有把住院的消息告知编辑。尽管身体还没有完全恢复，我还是每天都起身校对稿件。

**B**：您为什么没告诉编辑呢？

**岸见一郎**：因为书马上就要出版了，我不想给出版社添麻烦。而且，我怕在这个节骨眼儿上再要求延长时间的话，他们说不定以后不会再跟我合作了。

**B**：但是，没有人能代替您吧……

**岸见一郎**：说得没错。恐怕编辑怎么也不会想到我住院了吧。要是告知他们这个消息，他们肯定不会让我勉强自己的。

**如果此时此刻感到工作很痛苦，那就试着把这个情况向领导传达，这么做是有价值的。总是保持沉默的话，对方什么也不会知道。**毕竟，如果员工觉得工作很痛苦，那领导也有责任。虽然你说了领导不一定会听，但先试着说出现状就好。

**B**：如果说了对方也不听呢？

**岸见一郎**：如果有工会的话还好说，如果没有工会，不是还能找其他领导或同事商量吗？

如果对自己的情况闭口不谈，自我孤立，觉得没人能理解自己，怨念日积月累，人就有可能患上抑郁症，最坏的情况下还有可能选择自杀。很遗憾，真的有人这样做。感到痛苦的人并不一定都会选择自绝性命，但如果陷入抑郁状态，失去判断力，可能真会干出自杀这种事。

如果可以办理停薪留职，事态大概就不会发展成这样。如果公司不允许办理停薪留职，再加上当事人是有责任感的老实人的话，最后就有可能发展成生病的情况。

就算停薪留职了，最后也有可能没办法回归。但是，这些只能到时候再考虑了。人生是自己的，没有必要勉强自己继续工作。毕竟人活在这个世界上，可不单单是为了工作。

**生活的重点在于，要活出自己能够认可的人生。如果现在从事的工作不能给你带来任何幸福感，那就没有必要继续下去。选择了幸福，就算因此变得贫困，也并不意味着会变得不幸。**

从事一份稳定的工作，可能不会感到生计上的不安，但我觉得，只要人还在持续忍受着痛苦，就算不上幸福。

如果感觉到工作很痛苦，**我希望大家能鼓起勇气，把自己当下的情况跟上司明明白白说清楚。**

前面我们讨论过，孩子不想上学的时候，就算没有肚子疼、头疼之类的理由，也可以仅仅是因为想休息就休息。成年人的抑郁症基本上也是这么回事。

我们必须去思考避免陷入绝望的方法。世界上大概没有从不绝望的人，但一定有摆脱绝望的方法。总而言之，要先从好好说清楚开始，这是最基本的条件。至于对方能不能理解，那是另外一个问题了。

工作不能偷工减料，而是必须扎扎实实地完成。但是，对于自己无法控制的事情，人会感到痛苦。我夜里赶稿会赶到很晚，但这是我自己的决定，所以我一点也不觉得痛苦。如果是被领导强迫这么做的，我肯定就难以忍受了。

**B**：忍受不了的时候该怎么办呢？

**岸见一郎**：到了那个时候，逃跑就行了。我再说一遍，**最重要的事情，是活出让自己有幸福感的人生。**

---

**改变世界的第三十六步**

工作很痛苦的话，就跟领导说清楚，忍受不了也可以逃跑。

---

# 信赖他人

**岸见一郎**：回到一开始的话题，有些话能不能对领导说出口，就看你对他人信不信任。更深入点说，就是**要相信他人的善良本性**。

当然，要一下子实践所有这些，恐怕是不太现实的。尽管如此，对于自己该怎么做，心里明白和不明白会有很大差别。

**B**：怎样才能做到像您说的那样信任他人呢？

**岸见一郎**：换个角度想，如果你是领导，你会怎么处理呢？这样一想你就明白了，肯定不会随随便便说"说什么呢""别任性了"之类的话。

如果员工说"真的很痛苦"，领导恐怕不会说"那是因为你在偷懒"，至少正常的领导不会这样。

**如果自己是领导，遇到这种情况就会想要认真对待，那其他人肯定也会有这样的想法吧。**

世界上并不都是不理解自己或说话伤人的人。这就是信任他人，就是把他人当作同伴来看待。

要转换成这种心态，你可能以为必须经过哥白尼式革命[1]或者克尔凯郭尔式的"信仰之跃"[2]才行，但我觉得，如果能做到信任自己，就不用给自己提出那种无理要求了。

不要觉得可以一蹴而就，而是只能从自己能做到的事开始。就算感到绝望，也要思考该怎么办。

再强调一遍，什么都不相信的人，是不会感到绝望的。正因为有希望才会绝望。这样一想，把焦点从绝望转移到希望上去，哪怕只转移了一点点，也不会因陷入绝望而停滞不前了吧。

最需要警惕的是"什么都不做"这个选项。因为这样什么都无法改变。我们要明白，**世界并不像我们想的那样全都是坏人。**

**B：**我很难那样想。

**岸见一郎：**有一次，我乘坐满员电车的时候特别累，想找个座位坐下来，车里正好有一个空位。但是，有人把行李放在了那个座位上。行李肯定是旁边座位上那个人的，他看起来很可怕，于是我没有请他把行李挪开。

后来，有别的乘客上来，说："不好意思，能把行李挪一下吗？"那个看起来很可怕的人立刻回答："啊，不好意思。"然后他挪开了行李。结果，是我没有选择去信任那个人。

看到自己旁边的座位空着，人可能会把自己的行李放上去。那个人肯定也是，从某个站上车时，车上人还不多，旁边的座位又空着，他才把行李放上去了。

---

1　这个说法是由德国哲学家康德在《纯粹理性批判》中提出来的，意思是"对象要符合我们的认知，而不是认知要符合对象"。
2　丹麦哲学家克尔凯郭尔把人生分为"审美阶段""伦理阶段""宗教阶段"。其中宗教阶段是仅凭思想所不能达到的，必须全身心地信仰和服从神。这个阶段被称为"信仰之跃"。

换成我的话，如果有人让我挪开行李，我肯定会挪的。既然我自己能这样做，就没有理由不相信其他人也会这样做。

**可怕的人和坏人的印象，说不定都是你自己虚构出来的。**当然，从现实情况来看，十个人里面可能就会有一个人不听你的话，但这不意味着所有人都这样。

千万不要把别人想成会陷害自己的可怕的人。人活着就必须学会信任他人。在电车中挥舞刀子的人的确存在，但如果认为眼前所有人都会加害自己，那就哪里都去不了了。

实际上，去跟满脸凶相的人问路，他们也会给你指路。乘电车的时候觉得不舒服了，也能获得帮助。换一下立场，你也愿意帮忙的吧？

既然你能这么想，就没有理由不相信其他人也能这样想。

**A**：也就是说，要足够强大，时刻相信"好的一面"，对吧？

**岸见一郎**：那是一种"勇气"。**在人与人的关系中，要警惕把他人当成敌人的想法。**那可能并不代表他人主动与我们为敌，而是我们为了不涉入人际关系而找的借口，一定要警惕这一点。

和别人建立关系的时候，不要想着这个人会不会骗自己，而是试着去相信对方，这样才能建立好的关系。

当然，领导并不一定会认可自己的能力。只要工作就会产生工作成果，只要有成果就必定会受到评价。只不过，工作获得的评价和你个人的价值之间没有关系。

还有一点，工作需要有气魄。

**A、B、C**：气魄？

**岸见一郎**：也就是说要做好工作，让包括领导在内的周围所有人都无话可说。如果觉得反正得不到好评就放弃，那就需要严格反思一下，这是不是为了不做工作而找的借口，这一点很重要。

**改变世界的第三十七步**

他人比你想象的要亲切得多。

# 变幸福的勇气

**岸见一郎**：就像阿德勒常说的那样，各种各样的烦恼都是人际关系的烦恼。恋爱当然不用说，工作也是。

只要建立起人际关系，就多少会受一些伤。有人坚信婚后就能变幸福，努力走到了订婚这一步，但后来没有变幸福。很遗憾，这样的情况是存在的。人在职场，肯定也会有觉得痛苦的时候。

但是，**活着的喜悦也好，幸福也好，只能从人际关系中获得，这也是不争的事实。**

用结婚的例子来说，就算这次没有和这个人步入婚姻，也不要认定所有异性都不值得信赖。我希望大家能够这样想：下次会遇到不一样的人，和那个人共度人生，说不定就能获得幸福。

也就是说，不要把一个偶发事件一般化或是普遍化。**希望大家能一直拥有涉入人际关系的勇气。**

想要变幸福是需要勇气的。为什么呢？就像刚才说的那样，凡是人际关系都有起摩擦和受伤害的风险。但如果没有冒着风险涉入人际关系的"勇气"，是没法变幸福的。

**B**：但是，有时候就算不涉入人际关系，一个人读读书、看看电影之类的，反而能产生幸福感。难道不是吗？

**岸见一郎**：当然是的。我就喜欢自己一个人待着。一说到要涉入人际关系，就会让人联想到一堆人在一起叽叽喳喳吵闹不停的情景，不是吗？

**B**：也不是这样。我只是觉得，和任何人都不打交道，一个人待着更幸福的情况也是有的。

**岸见一郎**：不试着迈出第一步，就没法知道和一个人产生联系后会发生什么。最好不要从一开始就认定，别人是会伤害自己或加害自己的可怕的人。

突然涉入人际关系时，要信任他人是该出手时就会出手帮助自己的伙伴。

事情不会从头到尾一切顺利，但只要为好好经营关系而付出努力的话，关系就会朝着好的方向发展。刚才我也说过，就算是相亲相爱的两个人，也需要每天努力更新爱情，双方都要努力。

当然，一帆风顺是不可能的。

只不过，**度过危机之后就会变幸福。我希望大家都能有这样想的勇气。从绝望中挣脱出来。不要把绝望当作焦点。我们必须着眼于不必感到绝望的方法。**

**改变世界的第三十八步**

不要放弃与人打交道。

# 正义是存在的吗

**A：**因为新冠病毒感染的暴发，有人给外地车辆贴上了"滚出去"的字条。这类人就是所谓的"自肃警察"。他们的主张是真的正义吗？

**岸见一郎：**是虚伪的正义。他们只不过是在夸耀"自己是正确的"这件事，只不过是出于虚荣心。阿德勒举了一个例子，说有人会监视其他人有没有集体感。

在一个下过雪的日子里，一名女性想从电车上下来，被绊了一下，摔倒在地。其他人就这么眼睁睁地看着。

五分钟后，终于有人帮助这名女性了。这时，一个从头到尾都在旁观的人说："大家快看啊，这个人真有集体感。"但是，他明明不用等待后者的出现，可以自己上前帮助。

这样的人自己不采取行动，而是监视其他人有没有为他人着想。哪个时代都有这样的人。

总之我觉得，**只考虑自己行不行动就好了。不要管别人怎么样，做自己能做的事情。**

不是有人在室内也不戴口罩吗？这一点虽然会令人介意，但重点在于，我们只能让自己戴好口罩，没必要去监视其他人有没有戴口罩。别人的事情只能让别人自己来管。

那些被称作"自肃警察"的人，并不能代表真正的正义。他们的行为只不过是虚荣心的表现罢了。

**A：**所谓的虚荣心，是指"自己正在制止恶行""自己正在采取行动"之类的想法吗？

**岸见一郎：**没错。

我偶然看到的电视剧里有一段情节，讲的是战争年代里有一个妇女会，她们的目的是呼吁大家提高国防意识。

台词中有"都这个时代了"的说法。她们谴责"都这个时代了还烫发"的女性，还批判"都这个时代了还穿华丽衣服"的女性。

事情是这样的：妇女会的这些女性明明不是男性，但却是所谓的"名誉男性"——她们误认为自己站在特权男性这边，为了夸耀自己也有权力，去批判"都这个时代了"还不配合战争的女性。

她们想通过站在强者这一边，来夸耀自己的优越。这样一想，她们的行为就好理解了。

**A：**这些人为什么会变成那样呢？

**岸见一郎：**因为她们没有自信，她们自卑。她们希望别人认为自己是正义的伙伴，或者说是强者的伙伴。她们通过这样的行为，希望别人也认同自己的优越。她们只不过是在向周围的人夸耀罢了。

**A：**但这不是正义。

**岸见一郎：**没错。

A：话说回来，正义本身是存在的吗？

**岸见一郎**：是存在的。

A：就拿新冠病毒感染举例来说，正义就是自我约束，或者为疫情早日结束做出贡献是吗？

**岸见一郎**：是的。只不过，这样做到底是不是真的正义，还有待检验。还有，不要朝着批判他人的方向采取行动，这一点很重要。就算有人没戴口罩，他也有可能是一不小心忘了，并不是故意的，还有人是因为疾病等原因不能戴口罩。

包括这种事情在内，大家各自做各自力所能及的事情，努力推动疫情的结束，这些才是正义的体现。严厉指责别人没戴口罩，这并不是正义。

**当一个人想去批判他人的时候，动机是不纯的。那是在认为自己高人一等，是在贬低他人的价值。通过贬低他人，确实能让自己的价值相对提高，但这样的人并不正义，而是除了自己谁都不关心。**

**为了正义，我们所能做到的事情，只有各自持续思考自己能做到什么。**

B：原来如此。的确，如果每个人都去思考，去行动的话，疫情的传播范围可能就会小一点了。

但是，政府执意举办世界各国人大规模聚集的比赛，疫情因此而进一步扩散……发生这样的事情，就会让人觉得无力回天。为什么都到这一步了，还非要举办活动呢？

**岸见一郎**：是为了钱吧。背后是金钱在驱动。但这种理由没法光明正大地说出来，因此需要设定一个正当理由。

B：举办比赛的正当理由是什么呢？向运动员致敬吗？

**岸见一郎**：真正的理由是金钱。就像发动战争时需要一个正当理由来代表正义一样。就像柏拉图指出的那样，如果全盘托出为了"金钱"这么露骨的目的，谁都不会再想着去参战了。

于是，这个时候就要打出正义的旗号，只不过这是虚伪的正义。那么，我们应该做的，并不是认为正义根本不存在而感到绝望。

**我们要意识到真正的正义已经迷失了这个事实。我们必须去思考，真正的正义到底是什么？**

因此，没有必要对政客感到绝望。他们只不过是不知道真正的正义罢了。尽管如此，也并不是说这个国家就不存在正义，这个国家不需要正义。

有的人根本不知道正义。或者说，有的人会利用正义，我们一定要对这一点有心理准备。我们不可以放弃对正义的追求，也不可以感到绝望。

**B：**正义到底是什么呢？不同情况下的正义是不一样的吗？

**岸见一郎：**用柏拉图的话来说，就是存在一个"正义的理念"。普遍性的正义是存在的，但出现在这个世界上的正义并不是完整的正义。

因此，这个世界并没有体现出绝对的正义。其中还有完全偏离正义的东西。

但是，理念就是理想，哪怕只有一丁点儿反映出那个理想的正义，在这个世界中就是存在的。重点在于，**不要认定这个世界上所通行的正义是完整的正义。**

我经常会使用"偶像崇拜"这个词。偶像崇拜是指，认为这个世界上存在的东西是完整的、绝对的。然而，这个世界上存在的每一样东西都不是绝对的。

同理，这个世界所体现出来的价值也不是绝对的。那些会借着新冠病毒感染批判他人的人，信仰的是虚伪的正义，离完整的正义还差得远呢。这样一想就好理解了。

**A**：简单来说，就是正义也有各种各样的种类，是吧？那真实的正义和虚伪的正义之间，有什么区分的要点吗？

**岸见一郎**：区分的要点在于，自己能不能通过践行正义的活法体会到幸福感。如果陷入两难的境地，就必须去思考，自己现在做的事情到底是不是正义的。

这一点和恶政的话题也能联系起来。一件有利于某一部分人的事情，对于大多数人来说可能是不正当的。区分这两者的标准在于，自己做这件事能不能感受到真正的幸福感，仅此而已。

**B**：举例来说，如果一个老实人被迫实施了不正当行为，就会受到良心的谴责吧。

但是，有人就算做了不正当的事情，也不觉得有什么，还若无其事地走上了成功之路。对于这种人来说，不管手段如何，只要自己能暴富，就会产生幸福感，不是吗？

**岸见一郎**：你觉得这种人真的幸福吗？

假如这样一个人有了孙子，他肯定不想被孙子说"爷爷以前干过坏事"吧。就算这个人取得了成功，他的家人要是知道他其实是通过不正当的手段发展起来的，肯定会感到失望。

就像这样，如果一个人不想让其他什么人失望，那么，他为了虚伪的正义而做的那些事情，确实不会给自己带来幸福。这样一说你就会明白了。

**判断自己做的事情是否正确的标准，在于这件事情能否不仅给自己，也给其他人带来幸福。**

**改变世界的第三十九步**

你做的事情，能给自己，也能给他人带来幸福吗？

# "想做的事情"真的是想做的事情吗

C：如果一名妻子想让丈夫成功，那么就算丈夫做了坏事，只要他成功了，妻子不也获得幸福了吗？这样一来，丈夫的不正当行为也有好处，也是一种正义，不是吗？自己成功了，高兴了，妻子也能因此获得幸福。

**岸见一郎**：**一个人想做的事情，不一定是"真正想做的事情"。**

假设有这么一个人，他想要什么都可以得到，想做什么都可以做到。钱要多少有多少，喜欢的东西想买就都能买。他有高学历，在所谓的好公司工作，还拥有人人都羡慕的美好婚姻。

但是，这样的人就算做自己想做的事情，也不一定是在做真正对自己有好处的事情。

苏格拉底说，独裁者有着强大的力量，在别人看来，任何对他们自己有好处的事情，他们都能做到。可是对于自己真正渴望的事情，他们却一件也没有在做。

人不会做对自己没有好处的事情。独裁者会斩杀他人，流放他人，没收他人财产等，并认为这是为了自己好。然而，**就算可以随心所欲，实际上有些**

**事情也是对自己没有好处的。**

就算独裁者想做什么都能做到，也不意味着他们是幸福的。就算是那些想要什么都买得起的有钱人，其实也有可能不幸福。他们甚至自己都没有察觉到这一点。

**A：**为什么呢?

**岸见一郎：**谁都想追求幸福，谁都想做对自己有好处的事情。但是，什么事情对自己有用，什么事才能导向幸福，每个人对此的想法都不一样。**就算渴望"幸福"，有时也会选错追求幸福的手段。**

**改变世界的第四十步**

就算一切都如你所愿，那也不一定是幸福。

# 外在条件易消亡

**岸见一郎**：我想问大家一个比较突然的问题，如果你们遇见了理想的对象，会舍弃一切和对方结婚吗？

**A**：我觉得我不会。我还有想做的事情，舍弃一切对我来说有点难……

**岸见一郎**：可能有人会对你说"条件这么好，怎么还单身？"这种话。确实有的女性会看条件选对象，但也有男性误以为，集齐了条件就应该会有人喜欢自己。有钱、高学历等这些都只不过是外在条件。然而，谁都不能保证自己能一直拥有这些条件。

**C**：因为将来的事情不可预测吧。

**岸见一郎**：有人觉得可以预测。他们会设计好自己的人生，比如，二十五岁结婚，要两个孩子，等等。他们相信，只要有高学历并且在一流企业工作，就能实现自己想要的婚姻，过上计划中的人生。但是，外在条件是没法永久保持的。公司也可能会破产。遇到这种情况，冲着高收入和高社会地位结婚的人会怎么做呢？幸福的条件不再能满足，两个人的婚姻可能就维持不下去了。

但是，还有人能以此为契机，悟到真正的幸福。有人可能会意识到，就算失去了各种各样的东西，活下去也是一种幸福。

**不能拘泥于外在条件**。柏拉图认为，金钱和健康都是好东西。社会地位也可以算是好东西。但是，在这些方面得到的认可，只不过是为了追求幸福所采取的手段。哪个时代都存在拥有大量金钱却依然堕落的人。金钱需要正确的用法。

与之相反，如果以幸福为目的，人从此时此刻就能开始变幸福。能趁年轻的时候认识到这一点还好说，但很多人受到"普世价值观"的影响，误以为只要有了外在条件，人就会幸福。

**改变世界的第四十一步**

不要把幸福寄托在外在条件上。

# "拥有"本身没有价值

**岸见一郎**：阿德勒心理学不是"拥有"的心理学，而是"使用"的心理学。

阿德勒说，**重点不在于你被给予了什么，而在于你怎样使用被给予的东西。**

才能之类的东西，不去使用就没有意义。至于金钱，也不能一概而论地说它是坏东西，但仅仅是持有金钱的话，也没有意义。

有一种"人生游戏"。在这个游戏里，最后谁持有的金钱最多，谁就是赢家。

大家不觉得这很奇怪吗？人死之后，有再多钱也不代表他是个大人物。活着的时候还好说，死后钱再多也没有意义。

钱不是拿在手里就可以的，重点在于如何使用。而且，谁也不能保证自己能一直拥有这些钱。

人会失去的不仅有金钱，还有健康。就算是年轻人，也有可能突然失去健康。这样，一直以来觉得有价值的东西就会轰然倒塌。

**B：**毕竟，无论是金钱、地位，还是健康，都是因为人们以为拥有了这些东西就能提升自己的价值，才会想去拥有。

这些东西真到手以后，我们的价值并不会提升吗？

**岸见一郎：**并不会。只会让人产生价值提升的错觉罢了。

**就算拥有某样东西，就算大量拥有某样东西，一个人的价值也并不会因此发生改变。**就算一个人突然暴富，也并不意味着他成了大人物。

**改变世界的第四十二步**

重点不在于拥有什么，而是怎样使用。

# 真正有价值的事情

**岸见一郎**：我们必须摆脱这样的想法，即自己之所以有价值，是"因为拥有某种东西""因为做了某件事情""因为有某种能力"等。

否则，人就会为了提升自己的价值，觉得必须做成某事，必须得到某样东西。比如金钱、社会地位等等。因此，认为自己不实现这些愿望就不能变幸福。

然而，人的价值并不在于做了什么事情，而在于他的存在，也就是活着这件事本身。就算什么也没有做成，什么也没有得到，仅仅是活着这件事本身就有价值。然而在当下的社会里，太多人不这么想了。

**C**：这和社会上的常识完全不一样，很难一下子接受。

**岸见一郎**：的确。但是看看孩子们，很多人就能体会到活着就是价值吧。仅仅是和孩子们在一起，就会让人感到高兴，让人觉得只要孩子们活着就值得感激。

**大人也好，孩子也好，都是只要活着就有价值。所以，不想方设法提升价值也没关系。无论是谁，只要还活着，就有价值。**

价值没有什么必要条件。容貌会随着年龄增长而老去，如果因为这样就不喜欢自己了，那不是很奇怪吗？

就算辞掉工作回到老家，父母也会接纳自己；就算结婚后遭遇过分的事情，慌慌张张地逃回家，父母也会温暖地迎接自己。毕竟，就算孩子长大了，在父母眼中他们也还是孩子。

**A：**只要能认识到自己活着就是价值，那么无论什么人在什么时候就都能获得幸福了吧。但是，这一点很难体会。

钢琴比赛得了奖，自己很开心，家人也很开心，感觉很幸福。但如果什么事都没发生，就说此时此刻能变幸福，我不理解。

**岸见一郎：**有的人置身于极端状况时，就会体会到自己的价值。他们会意识到，以前一直觉得有价值的东西，其实一点价值也没有。

举例来说，如果某人生病住院了，家人急急忙忙地赶过来，那时他就会明白，自己活着这件事本身，就足以让家人感到喜悦。

他还会感受到，自己不是独自一人生活在这个世界上，而是生活在与其他人的联系当中。

再举一个不是极端情况的例子，在和父母分开住的情况下，得知他们每天都平平安安，子女就会感到高兴吧？父母也是一样，就算长时间不见面，也会每天惦记着孩子。

不管自己是什么样，父母都能接纳自己。如果想体会这一点，打一通电话试试怎么样？哪怕不是打给父母，打给朋友或者恋人也行。请务必和重要的人聊一次试试看。

**B：**可是有的人既没有家人，也没有朋友和恋人，就是孤身一人啊。

**岸见一郎：**就算是这样，**这个世界上也绝对有人为他活着而感到喜悦。**

只不过在彼时彼刻，那个人不在他身边罢了。

C：连还没有相遇的人也算进去了是吗？

**岸见一郎**：没错。阿德勒所说的共同体，范围相当广。他认为，还没有相遇的人也是共同体的一员。

对作家来说，这些人就是读者。就算只有一个读者，我也会把书写下去。这位读者并不在我眼前，但是写书的时候，我能意识到那个人的存在。

我认为，哪怕一个人身边没有任何人，无依无靠、孤单到死，也能感受到自己和他人之间的联系，那么这个人就是幸福的。

**意识到活着本身就是自己的价值，感受到自己和他人之间的联系。以这两点为契机，就可以察觉到"此时此刻"的幸福。**

这并不像你想的那么难，相比之下成功要难得多。况且，就算成功了，也不一定会幸福。

**改变世界的第四十三步**

要知道，有人会因你活着而感到喜悦。

# 第 **4** 讲
# 喜欢上此时此刻的自己

# 怎样和不可替代的自己相处

A：上回您说到，只要能认为活着本身是价值，就能感受到幸福。为了实现这一点，得先喜欢上自己吧。要喜欢上自己，得做什么，该怎么做，我想具体了解一下。

**岸见一郎**：有很多人不喜欢自己。我问来做咨询的人"你喜欢自己吗"，得到的回答是"非要说喜不喜欢的话，那就是不喜欢"，甚至还有"很讨厌自己"。喜欢自己的人，或许就不会来做咨询了。

C：我也是，因为想变得喜欢自己，所以很挣扎。

**岸见一郎**：这是因为我们接受的教育让我们没法喜欢自己。年轻人从小到大都在接受大人的批评，听的都是自己的缺点。大人对孩子应该有夸奖，也有批评。光挨批评而不受表扬的孩子，就会变得没有办法喜欢自己。

孩子搞砸了什么事情，大人就会批评孩子。如果是因为刚搞砸的事情挨了批评，那还情有可原，但如果被说"老是什么事都做不成"，孩子肯定会觉得难受。因为这句话针对的不是失败本身，而是在说自己这个人不行。如果一个人被说做什么都不成，那么他应该是没法喜欢上自己的。

不喜欢自己，就没法变幸福。因为**自己这个道具和其他道具不一样，是不可替代的东西**。自己不能被其他人替代。

因此，**如果想变得喜欢自己的话，只能不断努力去寻找：原本的这个自己身上，现在都有哪些优点？**

**改变世界的第四十四步**

努力寻找自己身上现有的优点。

# 你以为的缺点是真的缺点吗

**岸见一郎**：进行咨询的时候，遇到有人说"不喜欢现在的自己"，我总是会想方设法地帮助他们，让他们变得能喜欢自己。至于具体怎么劝，首先我要让他们**把自以为是缺点的东西转换为优点**。

有些人从小就是听着大人的批评长大的。大人张口闭口都是孩子的缺点。从"这点事都做不好"之类的开始，对各种各样的事情挑毛病。

在这种环境中长大的人，要多练习把缺点转化为优点，才能觉得"自以为是缺点的地方，其实有可能是优点""尽管大人不这样认为，但它其实也有可能是优点"。

**A**：无论是在学习的时候，还是在练钢琴、打网球比赛的时候，我总是被人提醒"注意力再集中一些"。

注意力不集中，也能转换成对各种各样的事物有兴趣，变得好奇心旺盛吗？

**岸见一郎**：就是这么一回事。我会说成有分散力。现在这个时代，能同时做各种各样的事情不是很重要的吗？一次只能做一项工作，或者房间不够安静就没法工作之类的情况是不行的。能同时做好几件事情是一种优点。

就像这样，**把自己拥有的东西看成加分项，就能变得喜欢自己了。**

还有很多家长会说"我们家孩子没耐性"。要我说的话，这不是没耐性，而是有决断力。一旦明白"这不适合自己"，就能灵活地把精力转移到别的事情上去，这不是优点吗？

**B**：这我能理解。我自己也缺乏决断力，跟身边的朋友聊过之后，发现他们也是，很多人都缺乏决断力。就算认为现在这份工作不适合自己，也迟迟没法辞职。

**岸见一郎**：那是因为这样下去的话，至少生活上不会有困难。追求安稳的人，不会因为一份工作自己不想做，就决定换工作。结果就是，有很多人一边觉得"好讨厌好讨厌"，一边把工作干到了退休。

现在的人换工作不会像以前那样被议论了。以前确实有过不容许这种行为的时代，但现在趁年轻换工作的人不是很多吗？

最近，我听说自愿退休征集遇到踊跃报名[1]。因为，只要熬过公司暂时的危机，之后总会有办法的时代已经过去了。现在的时代只会让人觉得，接下来的情况无论如何都不会好转，因此更多人决定换公司工作。

像这样，在考虑中途离职或跳槽时烦恼自己是不是没有骨气的人，并不是没有耐性，反而是有决断力。这样一想，就能变得喜欢现在的自己了。

---

1 2021年，日本本田汽车在55岁以上的员工中征集了2000多名自愿提前退休人员，约占该公司国内员工总数的5%。受新冠病毒感染的影响，日本有不少公司要求员工"自愿"提前退休。

**改变世界的第四十五步**

把自己的缺点转化为优点。

# 悲观主义、乐天主义和乐观主义

C：消极能转化为积极吗？

**岸见一郎**：是指抓住事物的消极面不放吗？

C：比如，过度介意那些没什么大不了的事情。我本人就很容易情绪低落，没什么大不了的事情也一直无法释怀。

**岸见一郎**：消极态度本身很难转化为积极态度。

但是，这说明人在坚持思考。对自己的活法进行认真思考的人，有时会进入消极状态。

举例来说，有人不认为这个世界上发生的事情与自己无关，而是能去思考有没有什么自己能做到的，结果思考下来，感到了自己的无力，有时就会变得消极起来。

有些人虽然不会陷入消极状态，反倒是觉得这个世界上发生的事情和自己无关，这种人才更有问题。他们仿佛隔岸观火一般，仿佛自己是执政者一般，把正在发生的事情与自己割裂开来分析。

C："仿佛自己是执政者一般"是什么意思呢？

**岸见一郎**：举例来说，消费税上涨会给生活带来的负面影响显而易见，但有些人思考的立场就仿佛这个政策不会让他们蒙受任何损失一样。他们只会从"施加"一方，而不是从"承受"一方的立场思考。

态度积极的人，或者说乐天的人会觉得事情总会有办法，因此不烦恼，也不会做出任何行动。而"真正消极的人"也会什么都不做。因为他们觉得反正也不会怎么样，已经放弃了。

但是，如果是处在消极状态下也能坚持对事物进行思考的人，就能看透当下有没有什么是自己能做到的。

我希望大家能意识到，一直以来，自己可能把能做到的事也认定为做不到的事了，其实，**自己能做到的事可能比你想象的要多**。希望大家不要感到绝望，认定无论如何也办不到。也不要觉得反正总会有办法，结果却什么也不做。而是要去寻找力所能及的事情，从这些事情开始做做看。

总之，我想说："不是稀里糊涂地活着，不是马马虎虎地活着，而是认认真真地活着，正因如此，才会时不时陷入消极状态。"听到这样的话，消极的人也能觉得"现在这样的自己也有优点"，不是吗？

心理咨询的目的，就是要帮助大家去这样想，去接纳自己。

**C**：在这个资本主义社会里，"高效率"才会受到认可。人积极一点，烦恼的时间少一点，效率才能高一点。因此，我觉得积极的人才会受到认可。您怎么认为呢？

**岸见一郎**：就算有这么积极的人存在，我也不太想和他有交集呢。这样的人什么都没思考，而消极的人正因为是在认真生活，才会那么烦恼。认真生活很重要。只不过，因为陷入消极状态就止步不前是不行的。

**要区分自己力所能及的事和力所不能及的事。我们只能做自己力所能及**

的事情，不是吗？对力所能及的事情，哪怕只试着做一点点，也会导致自己
接下来的人生开始改变。

哪怕到最后发现，这件事情还是做不到，也和从一开始就什么都不做有
着天壤之别。

就像我刚才说的那样，积极的人或者说乐天主义者什么都不做。在阿德
勒心理学中，乐观主义和乐天主义在英语中都叫"optimism"，但却是两回
事，它们之间的区分方法如下：

乐天主义者觉得事情总会有办法，因此什么也不做。哪怕是小事也不
做。乐天主义者会给当下的社会带来麻烦。因为什么也不做的话，事情一点
也不会自动变好。

举例来说，虽然我们没有办法抑制新冠病毒感染的扩散，但正因为有了
许多人的努力，才把疫情控制在了目前的状态。如果什么也不做，感染人数
应该会更多。有人说新冠病毒感染只不过是流感，嘲笑戴口罩的人。这种人
根本没有想过，自己得了病受着苦会怎样。

另一方面，悲观主义者——刚才我说他们是"真正消极的人"——认为
事态已经无药可救，于是放弃了，什么也不做了。

我们不能做乐天主义者，也不能做悲观主义者，而是必须做乐观主义
者。这不是指随随便便对任何事情持积极态度，而是指我们要做当前能做到
的事情。

虽然不知道以后会怎么样，但只要做当下能做的事情，之后的结果可能
就会改变。总之，不要袖手旁观，而是去做当下能做到的事。

阿德勒曾经跟自己的一位门生讲过一个故事：

两只青蛙在一个装牛奶的罐子边缘蹦蹦跳跳地玩耍。它们都玩得太入

迷，全掉进了牛奶罐里。

一开始，其中一只青蛙还啪嗒啪嗒地蹬了一阵子腿，后来它觉得出不去了，就放弃了。虽然它还呱呱地叫着，但却一动不动，什么也不做，就这样淹死了。

另一只青蛙蹬着腿拼命地游着。虽然不知道这样做有没有用，但它还是觉得必须做点什么，现在它能做的事情就只有蹬腿而已。于是，意想不到的事发生了，这只青蛙脚下的牛奶凝固了，变成了黄油。于是这只青蛙踩在黄油上，跳到了罐子外面，成功地活了下来。

牛奶变成黄油只是凑巧，那只青蛙并没有考虑到这种情况。

听了这个故事的门生，后来被关到德国的达豪集中营[1]时，把这个故事讲给了周围的人听。

其他人对故事里的乐观主义青蛙产生了共鸣。哪怕自己可能没法得救，但只要还有自己能做到的事，那就必须去做。

有的人被送进毒气室里杀死了，但在此之前，很多人在精神上已经垮掉了。在没有被送进毒气室的那些人当中，对乐观主义青蛙产生共鸣的人活着走了出来。

**虽然我们并没有身处集中营，但在艰苦的人生中，我们只能去做自己能做到的事情。**

A：也就是说，必须坚持做些什么才行。可是，这样做需要能量。能持续供给能量的源泉又是什么呢？

---

1　第二次世界大战期间纳粹德国建立的第一个集中营，位于德国东南部巴伐利亚州的达豪镇附近。

**改变世界的第四十六步**

无论何时，都不能放弃做现在能做到的事。

# 勇气的源泉

**岸见一郎**：这就要和下一个话题联系起来了。我们稍后再回到"把缺点转化为优点"的话题，但在那之前得先思考一件事，那就是你在什么时候感到能够接纳自己。阿德勒说道：

**"人只有在觉得自己有价值的时候，才能产生勇气。"**

很多人并不觉得当下的自己有价值。这样一来，就没法喜欢自己。

**不喜欢自己的人，是没法鼓起勇气的。这种勇气，指的是勇敢地应对自己眼前的课题。它有两层含义。**

第一层含义是指，应对工作或学习的勇气。在工作或学习上取得成果，就会受到赞赏。然而，有人参加大学入学考试的时候，没能考进理想的大学。还有的人害怕面对最后的结果，干脆从一开始就抱着不挑战的心态，但最后还是不得不考。

谁也不知道自己到底能不能考上。无论多努力，只要在考试时遇到比自己还优秀的人，就还是会考不上。因此，只凭自己的实力是不行的。尽管如此，依然有我们能做到的事情——那就是去学习。虽然不知道结果会怎样，我们也只能去努力。

很多人觉得自己没有能力，因而自己给自己设了限，认为"东京大学考了也是考不上"。当然，我并不是说非得上东京大学才可以。其实这样想会更好：这种程度的能力自己还是有的。

**阿德勒说"每个人都有能力做成任何事"。他提醒大家，要警惕从一开始就给自己贴上"不行"的标签这件事。**

的确，人不是万能的。但是，如果从一开始就觉得自己什么也做不到，因此什么都不做的话，结果显然就是什么也做不到。

第二层含义是建立人际关系的勇气。之前我也提到过，只要与他人建立关联，就不可避免地会发生摩擦。也难怪有的人会因此下定决心，不再和任何人建立联系。

有人觉得，连自己都没法喜欢自己，其他人又凭什么喜欢自己呢？就像这样，认定自己没有价值，铁了心认为自己不可以和其他人建立联系。

**不是因为自己没有价值，因此不可以建立人际关系，而是害怕在人际关系中受伤，因此必须用"自己没有价值"来当借口。**

就算跟喜欢的人告白，也有可能遭到拒绝。有人还会说"我没把你当作男性来看待"这样冷酷的话。也难怪有些人会觉得，与其被拒绝得这么悲惨，还不如从一开始就不要告白。如果向高不可攀的那个她表达心意之后会受到伤害的话，那还是算了。

因此，必须找一个不告白的理由，那就是"自己没有价值"这件事。但是，实际情况可不一定是这样的。鼓起一点勇气去告白的话，说不定会被对方接受。

> **改变世界的第四十七步**
>
> 相信自己的价值，就能鼓起勇气。

# 存在就是贡献

**岸见一郎**：刚才我们说过，喜欢上自己的方法之一，是把缺点转化为优点。除此之外，**人感到自己通过某种方式为他人做出了贡献时，就会认为自己是有价值的。**

这一点可以和刚才提出的问题联系起来。如果认为，只有通过做某种事情，才能感觉到自己对他人派上了用场，那么要行动起来就必须先获得能量。

一个人有着"要改变社会"的气概，也有能量付诸行动，如果能因此感受到自己对他人的贡献，那也是一种不错的状态。

但是，贡献不仅限于行动。充满活力的年轻人或许很难接受这种观点。但是年轻人也会生病，生病以后可能会有这样那样的事情没法再做到。

那么，因为什么也做不到，他们就对所有人都没有贡献了吗？当然不是这样的。让我再强调一遍，我希望大家能感受到，**自己活着这件事本身，就是在对他人做出贡献。**

**C：**但是，既然这个社会认为生产率才是价值，那么不拿出某种结果的话，就不能算是在做贡献，不是吗？尤其是对工作、学业来说。

**岸见一郎**：如果用社会上的主流价值观来看待事物，就会像这样，用工作或学业上受到的评价来判断自己有没有价值。当然，人们靠成果来评价工作是没办法的事。但是，我希望大家明白，**工作或学习上获得的评价，和你自己的价值或本质无关。**

擅不擅长工作或学习，的确是衡量自身价值的一个指标，但这并不能代表一个人的全部价值。我希望大家明白，衡量价值的标准可不止这些。

**C**：不过，既然这是衡量指标之一，我还是希望自己属于得高分的那一方。

**岸见一郎**：我不会拦着你，但你这样想，听起来就像是，碰到自己做不到的事情，就没法接受自己了，而且你还会小看做不到这件事的其他人。

**B**：刚才您说，只要还活着就是在做贡献，对生病的人也是一样的。但我觉得那是因为生病长卧不起是不可抗力，所以才能得到大家的谅解。

自己如果身体健康、充满力量，大学也毕业了，明明应该有从事一般工作的能力，却还是拿不出相应的成果，就会觉得这是不被允许的，自己果然是没有价值的。

**岸见一郎**：就算这样，我觉得我们也只能从自己活着这件事本身就有价值这一点开始转变想法。无论生病还是健康，人的价值都没有差别。

**我们必须把存在层面上的贡献和行动层面上的贡献区分开。**

能在行动层面上做出贡献的人，用行动去做贡献就好了。但是，如果明明能做到但却没有做，也不代表这个人存在层面上的价值和贡献消失了。

家长经常对孩子说："其实你很聪明，只要努力就能做到。"孩子听到这样的话，就会照父母说的那样去努力学习吗？并不会。

A：难道不会受到鼓舞，产生干劲吗？为什么反而不会去努力学习呢？

**岸见一郎**：因为孩子想要活在可能性之中。

A：可能性？

**岸见一郎**：就是"只要努力就能做到"的可能性。

实际上去努力学习了，最后能取得好成绩的话，那还算好。但如果没取得好成绩，那就麻烦了。到最后，孩子会明白自己并不能做到，变得没法认同自己的价值。因此，为了回避结果，就选择停留在可能性之中。

有的年轻人选择成为"家里蹲"。这种现象现在正在变得高龄化。人们普遍会谴责这样的人，说："你又没有生病，不可以这么做。"

但是，这一点当事人应该也明白。作为他们身边的人，能给到他们的帮助就只有告诉他们："你的存在就是贡献。"

通过这样做，让他们先从存在维度上认可自己的价值。

A：但是，一旦认为自己的存在就是贡献，难道不会觉得就这样下去不用做出任何改变了吗？

**岸见一郎**：不会这样。反倒是一个人觉得自己活着这件事都得不到任何人的认可，才会什么都不做。

**重点在于，要能够认为，世界上至少会有一个人能认可自己活着这件事，并以此为出发点转变心态，有自己能做到的事情就去做。**

至于实际上能不能做到，有时候是很难说的。但是，人只要觉得说不定有什么自己可以做到的事，就会开始寻找这些事。

有这么一个男人，他认为"自己一没学历，二没能力，但就算是这样的自己，肯定也能做到一些为他人做贡献的事情"，于是他下定了决心。他开始每天早上站在自家门前，向路过的每一辆车的司机招手致意。

司机注意到了这名男子。看到明明不认识还跟自己打招呼的人，很多人一开始都会觉得奇怪吧。但是，当人们早上从这个男人家门口经过，看到他微笑的表情和朝自己挥手的样子时，就会觉得他不是坏人。

最后，有很多人为了回应这名男子的招手，甚至特意改变通勤路线，只为了从他家门前路过。

后来这件事情上了新闻。美国一位精神科医生扬波尔斯基把这件事情写成了书，书被翻译成日文，被我读到了。我现在跟大家讲的就是这个故事。

大家不觉得这件事情很厉害吗？一个原本默默无闻的人做的事情，跨越了时空，传播到了全世界。

就比如说，看到这个故事的人也觉得可以像他那样，从微不足道的事情开始做做看。这种变化的契机，首先就是要能接受自己的存在，接受自己活着这件事。

最近我把这种改变叫作"认可存在"，重点在于认可或被认可活着这件事本身。

因此我认为，被认可存在的人，不会觉得"这样下去就好"从而变得什么都不做。当然，前提条件是这个人的身体能自由活动。

**B**：原来如此。这样的话，人要想承认自己的存在有价值，最终不还是得借助他人的力量吗？要认可自己存在，他人是必需的吗？

**岸见一郎**：的确是这样的。但这么一来你会意识到，你自己也能在存在的层面上认可他人。

**对于他人，你会意识到自己的感觉是"只要这个人活着，我就会感到高兴"。**

这样一来，就不需要言语上的直接认可了。

看看小孩子，你就会有这种感觉，这个例子我已经举了好多次。我有两个孙子，我对他们的爱没有附加什么特别的条件。他们没去上学，所以也没有成绩好坏的问题。总之，他们活着这件事，能和他们一起度过每一天这件事，就足够让我感到喜悦。

只要意识到自己对他人有"只要你活着我就很高兴"的感觉，其他人没理由不对自己也产生这种感觉。

**改变世界的第四十八步**

只要活着就是在做贡献，原本的你就是有价值的。

# 克服优越情结

**A**：重点在于，无论看待自己还是他人，都要从善良的视角出发，对吧？但如果是对自己要求很严格的人，会很难像这样去思考，不是吗？

**岸见一郎**：的确。用阿德勒的话来说，对自己要求严格的人就有优越情结。

这样的人**想通过严格要求自己来提升自己的价值**。其他人对自己要求没那么高，而自己比他人更严以律己，他们正是通过这样的想法来凸显自己的优越感的。

对他们来说，假如不像这样提高门槛，而是过着普通的生活，那么就需要鼓起勇气才能认可自己的价值。

**A**：也就是说，他们是为了制造优越感，才自行提高了门槛，是吗？

**岸见一郎**：是的。他们想通过这种方式提升自己的价值。

如果高标准只针对自己，那没有问题。但如果用这个高标准来要求他人，那就有问题了。

举例来说，父亲会对孩子说："我像你这么大的时候，不学习可是不行的。"孩子一听，当然会抵触了。如果只是提高对自身的要求，父母大可爱怎样就怎样，但我觉得如果把这些要求强加于人，那可不怎么讨人喜欢。

**A**：确实是这样的。比如，看到别人开开心心参加社团活动时，人会产生"明明我这边在拼命努力"的想法。

**岸见一郎**：反过来说，如果能放低对自己的要求，对他人的看法也会跟着改变。**如果能认为"自己像这样活着就已经令人感激"，那么对他人也能产生这样的看法**。看待他人的时候，也就能觉得他们活着就是价值了。

这并不是在惯着对方。和学习好不好没有关系，如果父母能觉得孩子在身边就是在为自己做贡献，孩子也就能觉得"自己的存在受到了认可"。

但是，如果父母只认可行为层面的价值，孩子就会觉得"父母一点都不关注原本的真实的自己"。

如果父母眼中只有理想中的孩子，他们就会根据这个理想，用做减法的方式评价孩子。如果孩子感受到被这样看待，那可真够受的。

虽然我不喜欢零分这个说法，但我们**不妨把活着这件事当作零分状态，并以此为起点，无论孩子做什么，感觉都像是在做加法**。

如果父母能学会用这种方式看待孩子，孩子就不会维持现状了。话虽如此，孩子也不会一上来就去做"无木造屋"那么鲁莽的事情。

我觉得学习是一件好事，而且既然学习这个课题客观存在，那么不学习就是不行的。不要乐观地觉得总会有办法，因而什么都不做；也不要绝望地认为已经束手无策，因而什么也不做。我们只能从能做到的事情开始做起。

只要明白有人在存在层面上认可自己，就会产生勇气来应对自己的课题。这样一来，孩子就能长成踏实努力的人了。

有些来做心理咨询的人觉得自己没人爱。但其实，完全没人爱的人是不存在的。

阿德勒把这些人叫作"惹人厌的孩子"。的确，不能说这样的孩子完全不存在，但大部分孩子是被人爱着的。

至少一开始的时候是被爱着的。心理咨询要做的，就是帮助他们意识到这件事。我会告诉他们：你的父母在生下你的时候，是爱着你的。

很多年轻人因为经历过艰辛，觉得自己一点也没有感受到别人的爱。哪怕在过去的人生中，真的没有遇到过一个爱自己的人，我也希望大家能够认为，爱自己的人一定存在，哪怕只有一个，我会告诉他们："我希望自己能成为爱你的那个人。"

**A：** 还有的孩子没能出生在"中奖"家庭，遭受过虐待或者贫困。虽然我自己的情况并没有那么严重，但确实也感受过很严格的父母、很严重的束缚之类的。我觉得出生在经济上不用操任何心，有能理解和关爱自己的父母这样的幸福家庭里，是一件令人羡慕的事情。但如果生来就因父母输在起跑线上，后天也能变得幸福吗？

**岸见一郎：** 能的。因为孩子的幸福并不是靠父母给的。

**A：** 就算这样，但拿父母打孩子或者把孩子当钱袋子的情况来说，父母成了孩子不幸的原因，这种情况也是有的。在现实生活中，要和这样的父母断绝关系还是挺难的。

**岸见一郎：** 你这个年纪的话，要和父母断绝关系不是绝对不可能的吧。和年轻人一聊，我发现问题在于，对有的人来说，哪怕你只是稍微批判一下这类父母，他们就会站出来维护说："就算是那样的父母，也有好的地方。"我反倒是希望他们能够厌恶对自己施加暴力的父母。因为这样一来，他们就不会对自己的孩子做同样的事情了。

把自己生活的艰辛归咎于父母也是不对的。父母的影响力确实非常大，但应该也能做到劝阻父母。就算年纪还小的时候做不到，现在也能做到了。

**无论是维护伤害自己的父母，还是无论何时都把自己的人生归咎于父母头上，到头来都是对父母的依存罢了。**

**A**：要是和父母断绝关系，不会感到悲伤吗？

**岸见一郎**：孩子不必考虑这点。我一开始就说过了，哪怕对自己的血亲也是一样，只要对方妨碍自己做想做的事，就应当据理力争。

**A**：如果父母不能在存在层面上认可自己，如果父母一直对自己施加过高的要求，孩子的成长环境就会很苦。孩子会觉得"只要做到这件事，父母就会有一丁点儿认可自己的价值了吧"，从而努力过度，甚至感到痛苦。

要降低对自己的要求，可以用前面说过的把缺点转化为优点的方法吗？

**岸见一郎**：这是切入点之一。他人没法替代自己。重点在于如何使用自己已经拥有的东西。重要的不是你被给予了什么，而是你要如何使用被给予的东西。

另一个切入点是：比起在现有的基础上进一步拥有更多的东西，还不如改变对已经拥有的东西的看法。

**C**：我也会觉得，无论如何都必须获得更多加分项才行。社会上充斥着各种自我启发类型的图书，里面说要锻炼身体，要提升技能之类的，净是些认为目前的自己不行，要更多地去提升价值这样的观点。

"变成值得被喜欢的自己"，这样不可以吗？比如说，竭尽全力提高成绩，努力改变性格，节食，等等。

**岸见一郎**：我的意思是，所有这些事情都不要再做了。我们的目的在于"幸福状态"。

就拿学习的事情来说，为了上大学、为了获得资历而学习并不一定是件坏事。但是，就算这些实现了，也不一定意味着人会变幸福。**就算"变成值得被喜欢的自己"，也不应该去迎合社会上的标准。就算通过这个方法改变了自己，那也不是真正的自己。**

当你不再为了迎合他人而改变自己的时候，有时候反而能为自己带来改变。

**C**：有的人并不是迎合社会，而是憧憬着什么人，或者心中有一个理想的自己呢？这样的目标也是不可以的吗？

**岸见一郎**：我并不是说不可以朝着理想前进，也不是说要忍耐。请大家以理想中的自己为目标努力吧。只不过不要忘了，你自己就是你自己。**就算你成为自己憧憬的那个人，但只要变得不再是原本的自己了，那也是没有意义的。**

---

**改变世界的第四十九步**

对自己也好，对他人也好，都不要设置门槛。

---

# 不成功也没关系

A：真的是这样吗?

**岸见一郎：** 这一点就能和前面聊过的话题联系起来了。

社会上的主流价值观是个成功模型。为了获得成功，需要取得一些资格。这就是善（有用）。但就算取得了某种资格，也并不意味着人会变幸福。

问题在于如何使用这些资格。因此，**光有知识是不行的。有些人学习知识，是为了给他人做贡献，这样的人就能度过幸福的人生。**

B：我觉得到目前为止，这是最难理解的一个观点，必须颠覆自己眼中的世界才行。

**岸见一郎：** 人不是非得富有精力、积极向上才行。听了这番话，有人会觉得我说的东西太消极了。这实在太违背常识了，所以很多人会感到困惑。

之前我也提到过，阿德勒有个说法叫"人生就是进化"。如果进化不是指向上，而是向前，那就会变成只有充满干劲向前跑的人才是好人。

年轻人可能会说，自己的节奏放不了那么慢，那么**可以朝着后方慢慢走，这样的人生也可以，不是吗?**

如果社会连这样的事情都不能允许，那一定会有年轻人觉得活着很辛苦吧。这种活法时间久了肯定会让人感到痛苦。

不必和他人比较。不必非得急急忙忙地向前追赶。按照自己的节奏慢慢前进就好了。就算不是朝着前方，只要还在迈步，只要没有止步不前就可以。当然，时不时止步不前一下也没关系。

C：这种生活难道不会被周围的人瞧不起吗？

**岸见一郎**：如果会因为这种事情瞧不起别人，那么这种人我们不必理会。

C：成功是等级分明的世界。如果摒弃这样的世界观，那么所有人都处在完成状态，接下来的问题就在于大家怎样各自使用自己已经拥有的东西，是吗？

**岸见一郎**：我是这样认为的。

三木清[1]说过，成功要看量。所以有人认为，高收入很重要。

说起跟年收入高的人结婚，大家都会有一种在量上成功的印象。再回到之前聊的话题，也就是说，有很多人想和高收入的对象结婚。

但三木清说，其实不是那么回事。他说，**幸福不能看量，而是要看质。人无法变得拥有更多幸福。幸福不能用来和他人比较，说到底，幸福就不是能量化的东西。**

C：一直以来我都觉得，幸福是有必要条件的。满足了某种条件，获得了某种东西，就能变幸福。但其实不是这么一回事吧。

要想让此时此刻的自己感受到幸福，要怎么做才好呢？

---

1　三木清（1897—1945），日本近代哲学史上著名的哲学家。

**岸见一郎**：只能回顾过去，想想此时此刻自己活着这件事情有没有为他**人做出贡献。**很多人都没有思考过这个问题。

作为父母，我认为孩子们活着这件事情就令人心怀感激。这个观点没有任何附加条件。我希望大家明白，基本上所有的父母都是这样看待孩子的。我还是要再强调一遍，同样的看法没理由不能套在大人身上。

只不过，你们的父母当中也有很多人受到量化成功观念的禁锢，因而用这种价值观来衡量孩子，对孩子设置很高的门槛。在这样的亲子关系中，如果孩子意识到自己没有必要满足父母赋予的价值观，就可以奋起反抗。

举例来说，追求高学历的父母养大的孩子，说出不想上学这样的话。一开始，父母会感到慌张。但正因如此，父母才能通过孩子学到，自己光想着高学历，却忽略了世上还有除此以外的活法。

最终，无论孩子去不去学校，有没有高学历，父母都能够认为只要孩子活着就令人心存感激。他们会记起来，孩子刚出生的时候，他们就是这样想的。

有时候，父母自己会先反应过来，但如果他们没有，那**年轻人尽管去颠覆大人们的价值观就好。**

如果跟大人做一样的事情，那么当你们自己有了孩子以后，也会下意识地给自己的孩子提高门槛。让我们在自己这一代斩断这种恶性循环吧。

**A**：因为自己遭受过这些并感到痛苦，就不要对他人做同样的事情，对吧？

**岸见一郎**：是的。要做到这一点，就不能受到父母这一代价值观的毒害，不能被拖累。**不要被大人们的价值观影响，必须自己去思考。必须拥有自己的价值观。**

做到这一点是需要勇气的，因为这是逆社会潮流而行的活法。要获得这种勇气，首先要认可自己的价值，这一点很重要。现在能有这种想法的人真的很少。

**B**：是的。毕竟只要稍微上街走走，看看电视或者社交网站，就会发现到处都是"现在这样下去是不行的""你应该以这个为目标哦"之类的广告和信息。

**岸见一郎**：接收了这类信息，觉得"自己也应该做些什么才行"的人，其实并没有自己做出任何决定。

那是在试图根据别人赋予的价值观生活。那样的人生并不是自己的人生，只不过是在试图满足他人灌输的价值观罢了。

**其他人过怎样的人生都与我们无关，我希望大家能有自己的想法，自己决定自己想过这样或那样的人生。就算自己的价值观和其他人觉得好的价值观不一样，但只要自己能接受，那就没关系。极端点说，我希望大家能觉得，只要不犯罪，那么坚持自己的活法，就是在对他人做出贡献。**

即使不从事高收入的工作，也能度过幸福的人生。不管从事什么样的工作，自己都能乐在其中。反之，对有的人来说，不管收入多高，只要自己不觉得工作有意思，就还是会感到痛苦；甚至还有人被强加了过于严苛的工作，最后导致过劳死。

**我想问问年轻人，你们想度过这样的人生吗？就算有大把的收入，但这种活法没有给你带来任何幸福感，那活着还有什么意义呢？**

谁也不知道自己能不能成功。但是，一旦以成功为目标，最后却意识到自己没法成功时，人就会变得绝望。

社会上有很多这样的例子，大家都认为是成功人士的人，却一个又一个地结束了自己的生命。选择自杀的年轻人越来越多，是一件令人痛心的事情。与其说那是他们自己做出的选择，还不如说是被迫做出的选择。

有时人会觉得无论继续活多久，都没法获得幸福。但我们必须仔细想一想，真的是那样吗？**我希望大家首先明白这一点：成功并不是幸福的必要条件。**

**C：**理性上是明白了，但价值观没法一下子改变。成功和幸福之间就连一点关系都没有吗？

**岸见一郎：**有人曾经来找我商量："明明还有其他应该去做的事情，但我非常喜欢和男朋友一起，忍不住把时间优先用来跟他一起度过。我会忍不住去想，是不是应该保证自己的时间，是不是还有应该去干的工作。我到底该怎么办呢？"

如果你对此时此刻感到满足，那我觉得那一刻就意味着一切。

**年轻人总是觉得，无论如何都必须成就更有价值，更有意义的事情，这种想法都变得有点像强迫症了。**

**C：**毕竟在学生时代，竞争是理所当然的事情。我感觉，就算过上普通的生活，也会被社会一直追问"满足现状是不行的"，让人喘不过气来。

**岸见一郎：**拿刚才那个人的例子来说，我并不是说不要学习，而是说，和男朋友在一起的时候，不必去想"自己没在学习是不行的"。跟男朋友说了"再见"道了别之后，再开始学习就好了。

和男朋友在一起的时间应该是很幸福的。但是，一想到还有其他必须要做，更该做的事情，那个瞬间的幸福就会不翼而飞了。

**C：**但我还是会觉得，比起幸福，还是拿出某种成果更重要。

**岸见一郎：**那只不过是其他人或社会灌输给你的价值观罢了，我们必须意识到这一点。

**自己想过的人生、珍视的价值观，都由自己决定就好。**

继续拿学习的事情来举例子，如果是自己决定要学习的，那没有关系。但是，这不是为了和其他人竞争，也不是为了努力学习考上志愿学校，取得资格证之类的事情。这些都不是目的。

**不要为了成功而学习，而要为了幸福学习。**

没有必要把幸福当成学习的目标。只不过，一个人如果能在学习的时候感受到"我喜欢像这样学习的时刻"，学习的过程就是幸福的。保持这种状态学习的话，有可能一不留神就走得很远。从结果来看，可能会是考上大学，也可能会是取得资格证。但是，这些都不是学习的目标。

**A：** 远离他人灌输的东西，不管怎样，都必须根据自己的思考来做决定。也就是说，幸福和自立是密不可分的吗？如果此刻不幸福，就意味着此刻也没自立吗？

**岸见一郎：** 没错。在充斥着批评或褒奖的环境中长大，人会变得没法认可自己的价值，没法自己决定重要的事情。

如果觉得这些事情不用别人来告诉自己的话那还好，但人偏偏就是会想得到他人的认可。人会忍不住觉得，得不到认可，自己就没有价值。

在职场上一定会受到他人的评价。但大家必须明白，自己的价值并不仅仅由这一点决定的。有时候，他人的评价也不正确。不要被他人的评价左右，而是要保持自信，走向自立。不要被别人牵着鼻子走。

**没有必要一直为满足他人的期待而活。**

**改变世界的第五十步**

自己想要珍视的价值观，由自己亲自重新选择。

# 如何产生贡献感

**B：**如果说幸福与对他人的贡献感有关，那么他人的认可不就成了幸福的条件了吗？我觉得这么一来，要想变得幸福，无论如何都必须依赖他人，这一点岂不是绕不开了吗？

**岸见一郎：**不是的，他人的认可并不是幸福的必要条件。**就算得不到他人的认可，也能产生贡献感。**

如果我感到他人帮助了自己，就会说"谢谢你"。不用语言表达出来，就没有办法传达给对方，所以我们有必要去有意识地说"帮大忙了""谢谢你"这样的话。

但对自己做的事情，或者自己的存在本身，他人并不一定会说"谢谢你"。但就算没什么人对你说"谢谢"，你也能拥有贡献感。

有的人不收到对方的感谢不罢休。举例来说，虽然很多人喜欢做饭，但觉得做完饭后再收拾很麻烦。

吃完饭以后，家人们都不想去收拾，而是往沙发上一躺，就乐呵呵地看起电视来。

"为什么只有我一个人非得做这种事情不可？"这样想的话，就会越来越烦躁。如果带着这样的情绪收拾，谁也不会想过来帮忙的吧。

但通过餐后收拾的行为，可以让人获得贡献感。因为如果餐具不及时洗，下次吃饭的时候就没法用了。把餐具洗了，就能感觉到自己为家人做出了贡献。一旦觉得自己做出了贡献，就能认可自己的价值。一旦认可自己的价值，就能产生勇气。

"这种好事都让我一个人包了可以吗？"如果能这样想，一边哼着歌，一边高兴地洗餐具的话，家人见了有可能会说："妈妈干得那么开心，要不我也去帮忙吧。"也有可能不会这么说。大体上应该是不会这么说的。

尽管如此，**有贡献感的人完全不期待回报，这就是自立。对这种人来说，他人的认可或不认可根本就不是问题。**

或者说，他们根本就不期待被什么人注意到。因为我经常在家里工作，家人们出去以后我就会做家务。但家人们并不会因此对我说"你很努力了，谢谢你"，尽管如此，我还是为自己能做家务这件事感到喜悦。

**B**：放任他人这样的话，难道别人不会全都把事情推给你，或者随意差使你吗？

**岸见一郎**：不会的。你试一下就知道了。

**B**：我明白了。我可以再提一点疑问吗？别人为自己做了什么的时候，哪怕只是很小的事情，自己也会积极地去把"谢谢"说出口，这是我的原则。但如果把立场反转一下，对方如果不说谢谢，我就会感到介意。这也是不自立的一种表现吗？

**岸见一郎**：是的。像这样的人必须要多做练习，把自己置身于对方未必会说"谢谢"的状况之中。无论从事什么样的工作，都是不太常被人说"谢谢"的，不是吗？

**B**：确实是的。如果是工作上的事情，我不太会介意，但对私人的事情会介意。比如，家人把用完的杯子放着不管，我看到了就经常顺手把它洗了，如果家人没有察觉到这个行为的话，我就会想要挖苦他，说"总是我来洗"之类的。

**岸见一郎**：那你就必须做不去这样想的训练才行。

**B**：怎么做呢？

**岸见一郎**：只要去做就行。要训练自己，做了什么事情的时候，**不要期待着别人会对你说"谢谢"**。

刚才说的洗碗的事情也是，不要去想"好烦好烦"，不要把你做的事情当成一件特别的事情。

家务没必要当作固定任务分配。刚才举的例子假设的是母亲做家务，当然，父亲或者孩子来做也可以。重点在于，由想着"今天我来干，今天自己来"的人来做就好了。

做的时候，如果带着"好烦好烦"的情绪，家人们看了，也会忍不住觉得"洗餐具这件事好烦"。这样一来，来帮忙的人就会越来越少了。

**首先，你自己要变得能自然而然地做这件事，然后就会有很多事情发生改变。**更重要的是，你自己能变得幸福。

就算别人没有对你说"谢谢"，当你自己碰到了能对别人说"谢谢"的情况，你也要尽量把"谢谢"说出口，这样是最好的。举例来说，你会对超市的收银员说"谢谢"吗？

超市的收银员并没有期待着顾客对他们说"谢谢"。我曾经问过不说"谢谢"的人，问他们为什么不说，得到的回答是"因为那是收银员的工作"。但我觉得不是那样的。收银确实是收银员的工作，但对花了时间为自己做了事情的人，说一句"谢谢"也挺好的，不是吗？

如果领导吩咐你"把我打印的文件拿过来"，并且觉得这是理所当然的，不是会让人不适吗？但是，就算碰到不会道谢的领导，也没有必要觉得不满。

感受自己做出了贡献，感受幸福就好了。如果自己是领导，就会说"谢谢"。只要能这样想就好了。

**改变世界的第五十一步**

就算别人没有对你说"谢谢"，你也能拥有贡献感。

# 付出与付出

**B**：也就是说，要不图回报地做贡献是吗？

**岸见一郎**：是的，不图回报。

**不是付出与回报模式，而是付出与付出模式。因为我做了这样那样的事情，就希望得到这样那样的回报，这种想法是错误的。**

当今社会盛行付出与回报的观念，并且认为它是正确的，然而，这不是一种自立的思维方式。

如果用付出与回报模式来认识世界，那么不去期待直接回报就好了。这一点放进更大的世界规模里也是可行的。自己做过的事情，说不定会通过其他形式得到回报。

只不过，当下的自己做了某件事，并不一定会从眼前那个人那里立刻得到直接回报。

**A**：但是，期待别人道个谢总归是可以的吧？

**岸见一郎**：这可说不好。我以前给护理专业的学生教过很多年哲学和心理学。那时我曾经问过一个学生：你为什么想当护士呢？

**A**：对方是怎么回答的呢？

**岸见一郎**：对方说，因为希望听到患者说"谢谢"。

**A**：那可不，听到这样的话肯定会高兴的。这会让人感觉到自己做的事情值得。

**岸见一郎**：是会感到高兴。但是，对因为想听"谢谢"而成为护士的人来说，要是被分配到ICU（重症监护室），会发生什么事情呢？在ICU，很多患者根本就没有意识。

这样一来，无论对患者多么尽心尽力，都无法听到他们说"谢谢"。有很多期待听到"谢谢"而成为护士的人曾经来找我倾诉，说自己没有贡献感。

就算孩子向父母表达感谢，想以此作为对父母付出的回报，也是行不通的。父母真的是整夜整夜不睡觉地照顾着孩子。这样的付出，怎么报答也报答不完。对父母来说，只要孩子幸福，就应该已经得到了足够的回报。

尽管如此，如果你还是想做些什么，那就等自己有了孩子以后，回报给自己的孩子就好了。

如果你选择不生孩子，那就回报社会。我认为，这种形式的付出与回报也是可以的。如果希望眼前的人立马给你回报，那就是强人所难了。

我年轻的时候曾经参加过一个读书会，跟一位老师学习希腊语。没想到，对我参加读书会这件事，我父亲竟然同意了，但他很生气。他问，学费要多少？我说应该不用交学费，父亲就发火了，说哪有这么好的事，当场就给老师打电话。你们猜猜，我的老师是怎么说的？

他说："学费不用交。如果将来你遇上别人，想教他们希腊语或者拉丁语，那么，我希望到时你也不要收他们学费。"这就是参加读书会的条件。

后来，我确实也教了别人希腊语和拉丁语，去大学里面教过，也单独给人教过。用现在的经济原理来看，这样的事情或许不划算，但我觉得这种形式的付出与回报也是可以有的。

**有时候，我们在不知不觉中就被给予了某些东西。因此，就算觉得自己是一个人生活的，实际上也不是那么回事。我们必须明白这一点。**

同理，就算自己没有实施任何行为，也可以认为自己在存在层面上做出了贡献。

没必要和大家做同样的事情。通过自己力所能及的事情为他人做出贡献就好了。在我曾经工作过的精神科康复中心，大家会一起做中午饭，在这个过程中，就算有人不来帮忙，也没有其他人抱怨。

之所以会这样，是因为大家有默契。"今天精力充沛，所以来帮忙了，但明天精力充不充沛，可就说不准了。万一明天没有来帮忙，还请大家见谅哦！"这就是大家的默契。因此，午饭由有干劲的人来做。我当时觉得，这幅景象就是健全社会的缩影。

**B**：要是能实现这种景象就太棒了，只不过会非常难吧……现代社会围绕着自负自责论争论不休。很多人认为，为什么自己非得照顾穷人不可，穷人的事情让穷人自己努力吧。

"自己努力工作了，就非得收到等量的回报不可"——这样的想法成了主流。而且，这种声音还在变得越来越壮大。

**岸见一郎**：真是杀气腾腾啊。然而，不管这是不是当今社会的主流，哪怕是从一个人开始改变价值观也有必要。阿德勒也探讨过自负自责这个话题。但是，说到底那只不过意味着**自己应该为自己的生活方式负责，把自负自责强加给他人是不对的。**

"我不觉得该把自己的幸福托付给政客。因此，我选择自己的幸福由自己负责。就算是在恶政之下，我也想努力变幸福。"这才是自负自责。但是，我可不想被政客灌输这种话。如果政客说让大家先想办法自助，那就是不对的。

C：但光是顾着自己的事情就已经竭尽全力了，根本没法再照顾其他人，不也有这样的现实问题吗？有时候，一想到工资那么少还被扣了税，税金用在了别人的身上，就会感到愤怒。

**岸见一郎**：如果是只用到你自己身上，那就可以了吗？生了大病需要做手术时，如果只能自费支付医疗费用，负担会很重吧。如果自己目前身体健康，那么支付的税金就是给了眼下需要用钱的人，我觉得这才是健全的想法。

自己的付出，兜兜转转会回报到自己头上。有电影就拍了这样的主题，比如，斯皮尔伯格导演的《让爱传出去》[1]。

但我觉得那也是别有用心的。**"现在做了什么的话，就会从别人那里收到回报吧。"我们不应该有这样的期待。**

**最后，我们有可能会收到回报，也有可能不会。在你做完某件事情的节点，这件事就已经结束了。就算没有被道谢，你也能感受到贡献感，这样才是最好的。**

父母为孩子做了那么多，也不会期待孩子长大以后付出等量的报答。需要看护的时候，父母一般也不会让孩子必须来看护自己。

对父母来说，如果能自然而然地受到子女的看护，确实会很高兴。但这

---

1 这部电影的导演并不是斯皮尔伯格，作者可能记错了。

并不意味着，为了报答父母把孩子拉扯大，孩子就非得照顾父母不可。

B：我越听越觉得这境界真是超凡脱俗。

不过，就像老师刚才说的，精神科的同事们谁也不会怪别人不做料理。精神科能做到这一点，那么我觉得同理，全社会也有可能做到这一点吧。

**岸见一郎：**我相信可以的。

我经常说"活在此时此刻"这样的话，因此被说成是享乐主义。但我认为，我们必须去思考将来的事情。

**觉得只要自己好就行的想法是错误的。**很多人太过于以自我为中心了，因此才会认为，自己做了这样的事情，就期待得到同等程度的回报。这还有可能发展成"本国中心主义"。举例来说，如果认为只要自己所在的国家和平就好，那也太奇怪了。

如果"不要以自我为中心"这件事能成为年轻人的常识，那么这个世界就会发生剧变。

我希望年轻人至少懂得质疑，怀疑自己一直以来认为是常识的想法是否真的正确。

---

**改变世界的第五十二步**

不要对他人提要求，而是着眼于自己想要的状态。

# 第5讲

# 你可以改变世界

# 此时此刻的幸福

**岸见一郎**：上一讲我们说到"存在层面上的幸福"。这个话题还得再从"此时此刻的幸福"这个角度讨论一下，现在我们就来仔细讨论一下。

如果把幸福放在时间轴上来考量，许多人就会以成功为目标，想的是未来而不是当下。为了取得成功，就要专注学习或工作，总之就是现在要努力。

**从这层意义上来说，成功不在当下而是在今后。**但是，谁也不知道自己将来会不会成功。正因如此，现在这个时代的孩子们，才会让人觉得可怜。

他们从小到大都在考虑将来，一路拼命学过来，不是吗？然而，等他们进了大学校园，摆在他们眼前的现实是：因为病毒的蔓延，有的大学根本不开学。因此我觉得有的人会意识到，在迄今为止的十几年里，在光考虑着未来的时光里，自己其实应该更多地去享受当下。

大人们总是对孩子们说，美好的未来还在后头，现在忍一忍，把享乐放一放，先努努力。孩子们因此牺牲着自己的当下一路走来，然而最后的结果却是，他们要直面连大学课程都上不了的事实。

我认为，**无论何时，都要专心享受此时此刻。**你们觉得呢？

A：我觉得就像您说的那样，多享受一下就好了。可我一直以为幸福是有条件的，一直以来也都是被这么灌输的。小时候，我以为取得钢琴比赛的冠军就能变幸福，以为达成这个目标就能变幸福。

**岸见一郎**：可是，你不一定能得冠军。这个目标有可能没法达成。这样一来，该怎么办就成了问题。

只要孩子们没有被烙上大人们的价值观，其实这问题并不太大，因为如果没有大人们的灌输，孩子们本应享受此时此刻。

然而，在成长的过程中，孩子们渐渐变得没法享受此时此刻了。这种变化发生的契机恐怕就是父母的影响吧。还没上小学的孩子很少会去思考将来的事情。别说是遥远的将来，这么小的孩子就连明天的事情都不会去想，而是竭尽全力地活在当下，他们忙着使劲玩耍。

大人的生活却是有计划的。大人们会思考今天不早点睡明天就没法工作这样的事情。孩子们不会思考这些，而是会一直玩到精疲力竭为止。孩子们就是这样度过每一天的。

很简单，只要重新找回小时候曾经有过的那种生活方式就可以了。如果它已经被遗忘，那我希望你们能把它重新回想起来。

> **改变世界的第五十三步**
> 像孩子一样，竭尽全力地享受当下。

# 最强心理状态

**B**：但这个社会是大人们建立的，被大人们的价值观支配着：要有计划，要以成功为目标去努力。在这样的环境里，要回想起小时候的初心，是一件非常难的事情。

**岸见一郎**：有这么难吗？

**B**：有。但是，我想要改变。我也想用新的方式去看待自己的生活。

我是做销售工作的。就算我不管工作指标，按照自己的节奏慢慢地、仔细地提出提案，公司也还是会制定一个目标。如果目标完不成，工资就拿不到。在这样的环境下，要想摆脱制度的条条框框，按照自己喜欢的方式去工作，难道不会非常难吗？

**岸见一郎**：希望制度来适应自己，这本来就是有问题的。

话说回来，就是因为生活所迫，辞职才这么难。因为不挣钱的话就吃不上饭了。

那么，做不情愿的工作而白白浪费人生就可以吗？我们必须去思考这个问题。如果觉得从现实层面来说做不到的话，这个话题就会到此结束。尽管如此，面对这样的现实，我们能做的应该并不只有认命才对。

**哲学就是要思考"事情本来就应该是这样的吗"这件事。不管眼下有多难，也必须不断地思考"用这种方式生活可以吗""用这种方式工作可以吗"这些问题。**

但人们从很早以前就放弃了思考，有可能是从进公司工作以后才放弃的，在就职之前应该还是心存希望的。

**A：**也就是说，不要去迎合制度。这也是自立。最近不仅是已经踏入社会的成年人，还有挺多大学生也觉得，比起思考自己想做什么，还是先找到工作吧，有工作干就已经挺好了。我自己也是为了想早点获得内定拼尽了全力。

**岸见一郎：**一开始我们就讨论过这个话题，就现在的考试形式来讲，不管你想学经济学专业还是法学专业，都得先从参加考试开始，否则根本没法进入下一步。无论选择哪个专业，接下来的人生应该都会改变，有的人会从参加考试的时间点就开始思考这些。

接下来，一入学就开始思考未来就业的事情。有的学生还会同时开始准备资格证考试。我忍不住要想，如果是这样，岂不是不上大学也可以？因为大家都觉得需要一纸大学文凭，才会都跑去上大学吧。

用人企业不会问求职者在大学里学到了什么。他们认为求职者什么也不想也没关系，进入社会必须知道的重要的事情，入职以后再教给他们就好了。他们就差直说"大学里学的那些东西都没用"了。

一旦从一开始就被大人或公司圈定在"要这样活"的条条框框里，并且陷入其中，就再也没法脱离出来了。绝大多数人都是这样的。

**哪怕身处在条条框框之中，也能质疑"这样下去好吗"的人，才能打破**

**人生的规则。做到这一点，就能取回自己的人生。**也有人选择不这么做，但我们必须好好想想，哪种选择才是幸福的。

如果一个人在"普世价值观"之外追求自己想做的事情，那么即使他被迫过上吃了上顿没下顿的贫穷生活，也不一定就是不幸的。

不管薪水多高，只要是被迫从事着违背自己心意的工作，那就不能说这个人是幸福的。我们必须不断思考自己要怎样生活。

有一位编辑，他跳槽几年后成了杂志的总编。这在社会上的一般人看来是"成功了"，但并不是说成功了就能变幸福。

这位编辑从事上一份工作的时候，重新审视了自己的生活方式，认为当时的工作不适合自己，于是下定决心辞职。从这一刻起，这个人就已经获得了幸福。后来他成了总编，这只不过是一个结果罢了。

单看结果，你会发现有些人不知不觉地走了很远，这是人生的常态。但**如果以成功为生活的目标，那就有可能和幸福渐行渐远。**之前我也说过，如果以成功为目标，那么这个目标说不定没法实现。

**B：**那么也就是说，重点在于选择某一瞬间的幸福，是吗？

**岸见一郎：**是的。所以刚才我说，没有必要非得制定一个目标，你自己幸不幸福才是首要问题，要想着这一点去生活。从"普世价值观"的角度来看，这么做带来的结果有时会是成功的。

如果去一家新公司工作，或是开始自己创业，那你一直以来的职业经历有可能就派不上用场了。即便如此，一个人在感觉到"现在这份工作不行"并下定决心换工作的瞬间，应该就已经能切身感受到幸福了。

就拿刚才那个编辑的例子来说，我觉得就算他最后没有成为总编，也不会度过不幸的人生。

C：但是，这给人一种"结果好了一切都好"的感觉。

**岸见一郎**：社会上的人是这么说的。但是，你并不知道那个人接下来会度过怎样的人生。就算进入了自己想进的部门，也有可能很快被调走，甚至还有可能没法待在那个职场。

然而，明白"幸福是什么"的人，哪怕遇到工作变动，哪怕前方等待着自己的是未知的命运，也会处之泰然。

**一个人知晓了存在层面上的幸福后，无论自己周围的情况怎样改变，都不会因为这点事情就丧失自己的幸福感，一丁点儿也不会。**

C：不被周围的情况牵着鼻子走，时刻保持幸福，这岂不是最强状态吗？

**岸见一郎**：我认为是的。**懂得存在层面上的幸福的人，是最强的。反之，成功主义者是最弱的。因为他们会被外在条件耍得团团转。**

C：那样就是把幸福的主导权交给自己以外的、会发生变迁的事物。一旦发生什么事情，就会经历大起大落，这就是有些人为什么没法感到安心的原因吧？

**岸见一郎**：就是这么回事。

C：这个问题可能也问了好几遍了，但是要怎么做才能达到那种最强心理状态呢？

**岸见一郎**：不要想着去变强就好了。

C：不想着去变强？那会活不下去的。

**岸见一郎**：想拥有无论遇到什么情况都能不为所动的强大精神状态，这也是社会上的主流价值观吧？但是，不去想这样的事情，反而能拥有强大的精神状态。

成功主义者的精神状态受外在条件左右，是很脆弱的。在人生顺风顺水时，这种人可能会认为自己取得了成功，充满自信。然而，如果发生了自己意料之外的事情，一切就都到此为止了。

就拿突然遭到裁员的情况举个例子。有些人又年轻又有高学历，明明觉得自己的人生很顺利，却有可能突然遭遇公司的业绩下滑。

在那种情况下，成功主义者非常脆弱。有的人甚至会钻牛角尖，觉得"自己已经没有活着的价值了""活下去也没有办法"。

然而，能在存在层面上感受到幸福的人，哪怕遭到裁员或者病倒，也不会觉得自己失去了什么。

**自己的价值和自己周围的环境没有一点关系。因此，不想着去变强，反而能成为坚强的人。**

而成功主义者任凭环境决定自身的价值。这其中有很多人一旦丧失了使自身成为成功人士的条件，就会觉得自己不行。很多到法定年龄退休的男性，就算没有遭遇生病或裁员，也会产生这种感觉。

**改变世界的第五十四步**

不要任由外在条件决定自己的价值。

# 幸福是一种"存在"状态

**A：**最近我父亲提前退休了，他好像对地方振兴之类的事情产生了兴趣，每天忙得不可开交。

**岸见一郎：**那不是挺好的吗？不过，也不是说非要忙活起来才好。

举一个很常见的例子，某男性为了公司工作或为了给地方做贡献而拼命努力。他的妻子在旁边看着，感到很恐慌。丈夫虽然现在很有精神，可毕竟年纪也不小了，说不准什么时候就会患上痴呆症，给别人添麻烦。因此妻子拼命劝丈夫早点退休。

但是很多人会说："不，我还有精力。"就这样到八十岁还没退休。政客当中也有很多人是这样的。

如果他们真的能通过认真工作感到幸福的话那还好，但有很多人似乎认定自己没了工作就没了价值，因此离不开工作。

因此，有些当过领导的人到了退休年龄，尽管没什么事干，还是不请自来地回到公司。从公司的角度来说，就算这个人不在，公司也会照常运转。但有人坚信自己退休离开后，年轻人肯定会很为难，因此还是每天来露脸。

这种人肯定只有在工作中才能发现自己的价值。因此，有的人一旦失去这么一份工作，就会一下子变老。

　　**A**：但如果他们特别喜欢这份工作的话，不能继续干的时候就会情绪低落吧？

　　**岸见一郎**：**如果真是能通过工作获得幸福感的人，那么就算不干了，他们也不会产生任何动摇。**

　　通过工作获得贡献感是一件令人愉快的事。这样的人真的会拼命工作到忘记时间。他们并不是为了成功而工作。

　　如果抱着"能通过工作为他人做贡献"的想法认真干，那么就算这份工作本身干不下去，他们也应该早已明白怎样通过其他方法获得贡献感了吧。

　　因此我想，如果有机会的话，他们也会愿意从事其他工作，但这并不是因为不工作就没法获得贡献感，不工作自己就没有价值。他们只是因为单纯想做才去做。

　　一旦一个人明白了什么是做贡献，就算退休后做了别的工作，就算后来那个工作没法做下去，他也依然能坚信自己的存在就是贡献。这样的人大概就算不工作，也不会觉得自己不行而失落。

　　我并不是说不能通过工作来做贡献。趁还能工作的时候去工作就好，能为家乡做贡献的话当然也很好。然而，我希望大家能明白，就算没法再做这些事情，自己的价值也不会因此减少一分一毫。

　　**B**：这真是"最强"状态啊。我们的父母这一代，常年抱有"普世价值观"生活到现在，他们也能像这样改变想法吗？

　　**岸见一郎**：或许需要他人的帮助才可以。哪怕父母坚信自己不工作就没有价值，家人也能对他们说"就算没有在工作，也不代表爸爸没有价值"，那是一件非常可贵的事情。

如果有家人能告诉他们，他们身边的人都不觉得不工作就没有价值就好了。这种家人的存在是很重要的。

B：如果身边没有这样的人，要自己改变自己的想法非常难。要怎样才能自己改变自己呢？

**岸见一郎：“自己在什么时候感到幸福呢？”——先问问自己这个问题吧。**

可想而知，肯定会有人回答"这种事我连想都没想过"。我们首先要试着扪心自问，幸福是什么，什么时候会感受到幸福这类问题。

也可以试着去想一想小时候的情况。在开始工作之前，你做什么事情会感到开心？试着回顾一下自己的人生，有哪些瞬间你感到了幸福。在工作中陷得太深的人，会把这些忘得一干二净。

C：这么一来，就会回想起"做某某事情时觉得很开心"的那些"某某事情"。如果说做某件事情让人很开心，感到很幸福的话，那么果然，要获得幸福就不能仅仅只是活着，而是需要某种特别的行为或者条件，不是吗？

**岸见一郎：**这一点也请从存在的维度上去考虑。

虽然我们会想起一段又一段做某事很开心的回忆，但继续深入思考下去，你就会明白，当时感到幸福并不是因为做了某事。

我上保育园[1]一年后做了一次手术。因此，我在年纪稍大的第三学期没能去成保育园。

---

1　保育园是日本的一种儿童福利设施，园内由持有国家资格证的"保育师"来照顾因父母工作等原因无法得到足够照料的孩子。无论是在幼儿园还是在保育园，都可以接受到幼儿教育或小学初级教育。

当然，当时的我不可能自己一个人住院，毕竟还是小孩子。现在我肯定只能自己一个人去住院，但当时应该是父母陪在我身边。不过，那时的事情我已经完全记不起来了。似乎是做了局部麻醉的手术。我记得当时还和医生说了话，但麻醉效果过后太痛了，痛得我失去了意识。

上中学二年级的时候，我又因为交通事故住院了。那一次是我母亲陪在我身边。也就是说，我上保育园时住院的那次，母亲也肯定陪伴在我身边。我通过中学二年级的这次住院体验，回想起了上次住院的事情。那时候我自己什么都不用做，单方面接受母亲的付出。和母亲一起在医院里度过的日子，回忆起来很令人怀念。

对我来说，那就是幸福的样子。**仅仅是有某个人在身边，就感觉自己得到了幸福。**

然而，在父母变得需要看护以后，我却被"得做点什么才有价值"的想法束缚，光顾着想必须做点什么才行了。

在这个过程中，父亲的症状越来越严重。他得的是痴呆症。渐渐地，他有很多事情都没法做到了，整天除了吃饭就是在睡觉。

虽然我每天都去看望父亲，但有一天我对父亲说："您每天都像这样睡那么久的话，我不来也没关系吧。"父亲听了以后却说："不是那么回事。正因为你来了，我才能安心睡觉。"

那一刻，我清楚地认识到，要想为他人做贡献，不一定非要做什么特别的事情。我明白了，像这样仅仅是在这里待着，也能做出贡献。

虽然上面说的净是些和生病有关的回忆，但这些事都说明，**要想感到幸福，doing（行为）并不是必要的，只要有being（存在、活着）就够了。**这样一想，说不定就能勾起很多回忆。比如，在心情低落时受到朋友的帮助。

**A**：听了刚才的话，我不禁想到，有没有可能，人类本和花草树木没什么两样？仅仅是存在着，就能让我们感到治愈。

**岸见一郎**：是的。花儿不是为了想讨人喜欢才开放。你刚觉得樱花开了，它过不了多久就会凋零。花儿的凋零也并不是为了引人悲伤。它们并没有期待着那么多人前来赏花，只不过是自顾自地开了又谢罢了。**花儿们没有想要推动人行动的意图，但却能让看到它们的人心情平静下来。受伤的人看了，会感到治愈。**我觉得，人类的存在本来也应该是那样的，不是吗？

**C**：但人们很难去那样想，而是忍不住会认为，现在这样下去是不行的，必须做到更多事情，必须拥有更多东西，这样自己才有价值……人们很容易认定，没有doing，就没有贡献。之所以会这样，问题是出在人们自己身上吗？

**岸见一郎**：当然，也有社会的问题。因为社会只以生产率来衡量价值，受到这一点影响，人们自己也不知不觉地认为，不做到某件事自己就没有价值了。这的确是事实。

但是，**一旦你明白那不是唯一绝对的价值观，就再也回不到原来的人生了。**

> **改变世界的第五十五步**
>
> 人只要活着，就很了不起。

# 无法认同公司的方针时

**B**：就算价值观开始慢慢变化，但一想到明天还要继续上班就会很郁闷……星期天的夜晚总是让人感到很郁闷。

这个社会以生产率来衡量价值，因此如果自己没能取得足够多的成果，在受到指责时，保持自我肯定真的很难。到底要怎样才能调整自己的心理状态呢？比如说，无论怎样努力，都无法完成领导派下的指标。没法完成任务，就没法得到认可。

**岸见一郎**：且不管这是公司的观念还是领导的观念，世界上的确有用这种标准去考量事物的人，我们只能接受这个事实。有这样的人会用这样的方式去思考，这其中的逻辑并不是不能理解。因为不取得成果的话，就不算是完成了工作。

但是，**理解某种想法与赞成或反对某种想法完全是两个不同维度的问题。**

首先是理解。我们至少要先努力去理解，否则连对话都没法建立了。我们必须努力去理解，什么样的思考才能产生那样的观念。但是，如果自己不认可或赞同那种观念，那就没理由不说出自己的想法。没有必要非得让自己去适应公司的观念。

有些人的想法正相反，他们觉得必须把自己的活法套进某种模子里。其实这样的人反倒是占了压倒性的大多数。但是，也会有人觉得"不要，我不能赞同"。后者会从现在就职的公司跳出来，开始新工作。这也是一种活法。

**我们必须严肃认真地思考一下，对自己来说，套进某种模子的活法，真的幸福吗？**

对年轻人来说，组织是在自己加入时就已经存在的一个共同体，但从自己新加入的这个时间点开始，就可以说是自己加入前的那个组织已经不存在了。

我们大可以认为，这就意味着，**自己有能力改变组织**。

只不过，改变不仅是为了自己，还是为了同样处于痛苦之中的其他人。今后要加入某个组织的年轻人，要去思考领导或公司的观念是不是正确的，如果觉得不对劲，就要以改善这些观念为目标同公司斗争。到那时，不能仅仅为了自己，也要为了他人勇敢说出"这不对劲"。我希望年轻人能有这样的想法。

还有一点。如果公司比起质更看重量，但自己却觉得，哪怕多花些时间也想要保证工作的质，那么**到底是服从公司的考量，还是贯彻自己的想法，必须好好地放上天平衡量一番才行。**

就拿我自己来说，虽然我写了很多书，但在多数情况下书的出版时间是由出版社定的。然而，就算出版社跟我说要在某个时间前写好，我也不一定写得出来。写不出来的话，对方就不会出版，而我觉得"质"很重要，不想"量产"。如果换成公司员工的情况，就算自己有跟公司方针不同的想法，想要贯彻这个想法恐怕也是很难的。

如果变成了自己一个人孤身奋战的局面，那难度就太高了。自己提出反对意见，就会被认为是坏人。就算自己表示质更重要，但在量完不成的时候，也会被人说没有能力。

但不要觉得，只要是领导的意见就都一样，明智的领导也应该存在。同事里面应该也有支持自己的人。这种对他人的信赖感是必需的。

如果觉得没有任何人能理解自己的想法，就会变得孤立无援。但事实肯定不是那样的。对体制表达反对意见的人恐怕不多，但只要能认为世界上一定有跟自己想法相同的伙伴，就不会再感到孤独了。

**B**：是这样的。一定还有很多人也会觉得不对劲。只不过，不赞同公司做法的优秀人才，会早早断了这个念想，到别的公司去。

**岸见一郎**：那说明领导没有意识到，如果不倾听员工们的声音，就留不住优秀的人才。不会培养员工的领导不是好领导，明明他们必须去培养愿意留在这个公司工作的员工，但实际上做的事情却恰恰相反。

员工发展不好，那就是领导的教育和指导出了问题，但有的领导却忽略这一点，说自己年轻的时候怎样怎样的话，或者批评员工，并误以为这样员工就会努力。

但是，这样的歪理在年轻人那里讲不通，优秀的人还是会选择辞职。这样一来，那些领导就会把错怪到年轻人头上，说现在的年轻人怎么都这么没有耐性，还会说在他们那个时代挨了领导的训也要忍着之类的话。

我本人并不想和这样的人相处。以前我在一家医院的精神科工作的时候，就曾觉得和当时的领导处不来，然后离开了那家医院。

我花了长达三年时间，才下定决心辞职。因为我找到这份全职工作的时候已经四十岁了，原本打算在那里一直干到退休。

但是大约干了一周以后，我就觉得受不了了。我曾经觉得，之所以产生这种想法，也许是因为自己太任性。我的同代人都是从年轻的时候就开始工作，担起职责，负起责任。考虑到这一点，我就觉得自己可能有问题，不懂协作，因此被认为没法胜任工作。这么一想我就决定，再稍微努力一点试试看。然后我努力了三年，结果还是不行。

就算那家医院并不是理想的职场，但对我来说，只要身处那个组织之中，就能为患者们出力，这份工作有价值。如果是自己单独开展咨询活动，那就没有办法接待需要医院处方的患者。不过，要是能和别的医院合作，那就是另外一回事了。

如果我待在医院的精神科，就能接触上述情况的患者，为他们提供帮助。因此，虽然工作不尽如自己所愿，但我还是坚持了三年。

**如果能从一份工作中发现贡献感，那么留在原地继续工作也不失为一种选择。**

我女儿在大学毕业后工作了几年，然后结婚了。这之后她没有再工作，并在这期间生了孩子。接下来，她必须考虑今后还要不要工作，但对于处在这种情况下的人来说，还能不能认识到自己的价值也是个问题。前面我们讨论过到法定年龄退休的男性，他们面临的也是同样的问题。

比起该不该工作，最近人们考虑得更多的，可能是不得不工作的问题。尽管如此，认为必须工作的人真遇上没法工作的时候，也会面临能否认识到自己的价值这个危机。

**现在还在工作的人，必须去找到工作这件事的意义才行。**围绕着这一点也会遇到难题。

如果我女儿有机会跟现在有工作的各位聊聊，她可能会羡慕你们。从这层意义上来说，就算现在的工作并不是一份能让人百分百放开手干的好工作，可能也已经足够幸运了。从世俗角度来说是这样的。

**B：** 我也这么觉得。

**岸见一郎：** 因此，就算对现状感到不满，但依然选择在那个组织中活跃下去，也不失为一种活法。要在那个地方做出任谁也挑不出毛病，任谁都不得不认可的成绩。或者，去一个全新的地方工作也是一种选择。

**改变世界的第五十六步**

再仔细想想，是要服从组织，还是要贯彻自己的想法。

# 斩断恶性循环

**岸见一郎**：我有一个做自由编辑的朋友，他只做自己喜欢的书，剩下的时间就干其他爱干的事情。这样的生活方式挺好的，虽然不一定能养活自己。但实际上，他做出来很多畅销书。

不过他更想做的并不是做畅销书，而是"想让大家看到这本书"。因为他想通过自己编辑的书改变世界，所以仅仅是卖得好的话并没有意义。想通过这份工作改变世界，或者说就算没考虑到那个程度，也想要让这些书派上用场，如果不是出于这样的动机，恐怕很难持续干下去吧。

之所以聊到这件事，是因为我觉得**工作中最重要的并不是取得成功，而是如何产生贡献感，并通过产生贡献获得幸福感。**

对于自己的工作，我们有必要好好思考一下。如果一份工作不能给人带来贡献感，那么不管它的工资有多高，我认为也是没法持续干下去的。

人为什么工作呢？不单是为了取得收入，也是**为了通过自己的工作，以某种形式为他人做出贡献。这样一想，哪怕遇到用数量衡量工作价值的奇怪领导，你也不会再动摇了。**面对领导的价值观，如果自己也觉得"是这么回事"，就没法坚定地回应领导了。

**B**：听了老师说的话，我觉得，总之要先抱着可以帮助他人的想法，去认真工作试试看。我会去试着思考一下，自己的工作能给这个社会带来什么样的价值。

**岸见一郎**：我支持你。关于在工作中更重视"质"这个问题，刚才我们已经用图书出版的例子做了说明。年轻人没少被领导说过分的话，尽管如此，自己可能有一天也会成为领导。到那时，我希望大家不要重复同样的事情。

**"我不要成为那样的领导。""自己不想听到的这些话，以后也不会说给别人听。"——只要你们能下定这样的决心，就能改变职场。**

然而，有的人会和自己曾经的领导说同样的话，从而遭到年轻人的讨厌。必须有人打破这个循环才行。我希望大家能从自己做起。

有的人过去一直被上头的人施压，因为自己经历了这些，所以要让今后的年轻人也经历这些。

**A**：这种恶性循环就像讨论"优越情结"那个话题时提到的那样，毒父母养育出来的孩子，长大以后也会变成毒父母。有人能斩断这个循环，有人不能，这两者之间有什么差别呢？

**岸见一郎**：这其中的区别在于，**你能不能下定决心，不要把自己经历过的痛苦施加到包括后辈在内的其他人身上。**

非得把自己遭遇的事情强加给其他人不可的心态，就像中学的社团活动一样，自己成为学长学姐以后，也要去欺负学弟学妹。从这层意思上来说，这种人真的是非常不成熟。

因为我们这次讨论的是工作上的事情，所以结论就是，到头来我们只能去做好自己的工作。然后，我们只能等待有上述价值观的领导离开，并下定决心，自己绝对不要再重复同样的事情。

**改变世界的第五十七步**

自己遭受过的讨厌的事情，不要再施加给其他人。

# 不要放任不对劲的事发生

**A：** 政客也是一样的。现如今掌握权力的也是不成熟的人，现在的社会简直就跟柏拉图所说的"哲学王"[1]观念完全相反。

**岸见一郎：** 是这样的。

**A：** 当不好的价值观当道时，除了等就没别的可以做了吗？凭我们没法阻止它吗？

**岸见一郎：** 我们只能去领会这一点：滥用权力是行不通的。**恶政之所以持续，就是因为国民的放任。**也正因此当权者才会滥用权力。

不是有某位首相说不必按照惯例，因此拒绝任命几位学者加入日本学术会议[2]吗？这种做法是违法的。然而首相不仅不任命，还不说明这么做的理由，简直就是独裁。

大家明明觉得这么做不对，明明应该提出抗议（不是对学术会议），然

---

1　柏拉图在《理想国》中提出的思想，即让哲学家治理国家，或者让统治者成为哲学家。
2　2020年10月1日，日本首相菅义伟在未做出任何说明的情况下，拒绝任命6名日本学术会议推荐的研究者为该机关的新会员。

而大部分人却觉得这件事和自己没有任何关系，所以不发出任何声音。如果有人滥用权力，却没有人站出来表示反对，那么这就相当于开了先河，总有一天，同样的事情或者比这更过激的事情会被强加到自己头上。恶政就会像这样持续下去。

他们认为，就算自己多少掀起了一些波澜，也会被国民遗忘。所以，必须有人站出来说这事不对，到那时，我希望大家能相信自己一定会有伙伴。**一个组织的改变，必须从年轻人开始。**

然而，有的人遇到困难就会选择明哲保身。高级公务员会帮政客写答辩书，而连答辩书都写不了的政客，只会捧读高级公务员写好的文章罢了。他们尽是一些自己什么都不思考的人。

高级公务员做这种事，都是为了出人头地。为此，他们支持当权者，袒护或隐瞒政客的不当行为，或者伪造公文。"就算这些事情败露了，就算自己的风评一时变差，终归还是能出人头地的吧。"抱有这种想法的人，就会对领导言听计从，最后步步高升。然而，这种行为还是作罢吧。

三木清说，想要控制成功主义者是一件非常容易的事情。只要暗示他们今后会出人头地就好。他说，只要跟成功主义者的部下说"听我的就能发迹"，就能很简单地操纵他们。

年轻人千万不要听信这种话。为此，**必须拥有以正义感为基础的愤怒。**光有个人层面上的愤怒是没有用的。

A：为什么没有用呢？

**岸见一郎：**因为问题一点都没有得到解决。批评孩子的父母觉得，再严格一点，孩子就会悔过自新，不再惹乱子了，因此把愤怒写在脸上。然而，这种方式是不会让孩子悔过自新的。

用三木清的话来说，一个人在人权受到威胁时，像是在受到职权骚扰或性骚扰时，如果感受到了源自荣誉心的愤怒，那就不要保持沉默，一定要把愤怒利用起来。

因为在那种情况下感到的愤怒是理性的愤怒，而不是情绪化的愤怒。因此，**年轻人要有理性的愤怒，不要保持沉默，而是一定要开口说出"这不对劲"。否则，不仅组织不会改变，国家也不会改变。**

**改变世界的第五十八步**

燃起理性的怒火，向错误的体制奋起反抗。

# 从力所能及的事情开始慢慢来

**C：**我觉得，最终关键词是不是"下定决心"呢？不管周围情况如何，都要坚持"我不赞同""我要反抗""我要这么做"的意志。这或许就是自立吧。

我觉得要想活出"自己的人生"，很重要的一点就是从此时此刻开始拥有那样的决心。但是，下定决心后，如果自己所处的环境还是没有变化，那要维持这种决心就会很难。

我并不想向职权骚扰的领导投降，可就算我觉得"要奋起反抗"，一想到每天还要继续和领导一起工作，决心似乎又会被粉碎。

**岸见一郎：**确实如此。不要想着能一口气改变环境，**要理解自己现在该做什么，必须在这个基础上下定决心。**

如果觉得凭自己的力量很难改变摆在眼前的现实，就会绝望，然后什么也不去做。**让我们摆脱这种非黑即白的想法吧。让我们一点一点地，从力所能及的事情开始。**

用前面说过的指标话题举例来说，如果觉得指标很难完成，那降低指标，或者不管指标，只管做好自己的工作等，这些都是最终目标。一上来就想一蹴而就是不可能的。

为了不再继续勉强自己，一点一点地努力去降低领导压下来的指标就好了。如果说是要钻个洞，要制造一个突破口，那就有可能做到了。

C：要坚定自己的决心，首先得从小事开始制定目标。然后，从力所能及的事情开始干，对吗？

**岸见一郎**：对的。重点在于，**下定了决心之后，不要让自己的勇气在困难面前受挫。**

C：但是，且不论一部分意志坚强的人，对一般人来说，这不是太理想了吗？

**岸见一郎**：所以，我才说不要用all or nothing（要么全有，要么全无）的态度来看待事物，要从小事踏踏实实地做起。

C：哪怕真的是一步一步地在朝着正确的方向前进也行。但就算这一点也很难做到。就像明知山有虎，偏向虎山行一样。难度过高，会让人禁不住去想，那还不如什么都不做，保持现状，那样不是会更轻松吗？

**岸见一郎**：试试看，不去想轻松不轻松的问题吧。什么都不做的话，就什么都不会改变。没有改变，轻松也无从谈起。

职场上的大风大雨会刮跑大部分员工，哪怕面对这样的现实，我们也必须给领导上一课，让他知道有这么个人不一样。我想告诉大家，工作不得不干，不得不努力，但没必要向不合理的压力屈服。

也许领导以前的员工对他要么言听计从，要么很快脱身，在某些情况下还会辞职。但是，他眼前的这个人不一样。

你只能向前迈出一步，只有这样才能让对方认识到这一点。

**改变世界的第五十九步**

每一步小小的积累，终将带来巨大的变化。

# 如何应对职权骚扰的领导

**岸见一郎**：能干出职权骚扰的人，恐怕内心都有自卑感。用阿德勒的话来说，就是他们知道自己没有才能，就嫉妒他们认为可能比自己更优秀，比自己更有能力的年轻属下。

如果一个人担心一不留神就暴露自己的无能，担心自己会被小看，他就会欺负后辈。我希望年轻人能够下定决心，不要在乎这种事，总之先把工作做好。

对有自卑感的领导来说，明明他们只要正常表现就好，但他们却深信这样不行，于是表现出一副了不起的样子。然而，我们需要的并不是强势的领导。

**真正的好领导不会夸耀自己，也不会感情用事；** 有要对员工说的话，也会正常说。

这种人会对他人采取威慑态度，是因为他觉得如果自己不这样，员工就会看出自己的无能，因此非得大声说话才行。

用阿德勒的话来说，他们把员工叫过去批评的理由，不在本是工作场合的"第一战场",而在"第二战场"(和工作无关的事情)。

而且,他们不光批评部下刚搞砸的事情,还要追溯到过去,使用"老是搞砸"这样的说法。

员工当然会搞砸事情。这种时候,没有必要去批评他们,而是应该和他们谈谈事情为什么会搞砸,今后如何不重复同样的失败,只要这样做就好了。

从某种意义上来说,自己搞砸了事情,被领导说"不行"也是没办法的事。因为这是自己犯下的错误,自己有责任。

只不过,在这种情况下,领导还会对这位员工平时的工作状态进行评价。这时领导不关注做成的事,而是只关注没做成的事。他们说:"前阵子不是也搞砸了吗?让你做什么都不行,今后肯定也就这样了。"不批判工作,而是批判人格。如果说这不是职权骚扰,那还能是什么呢?

他们就像这样,**不是针对工作上的问题,而是攻击员工的人格,贬低员工的价值。**通过这种方式,让自己的价值得到相应的提高。阿德勒把这叫作"降低价值倾向"。在与工作无关的"第二战场"对员工进行压制,借此来提高自己的价值。阿德勒说这是源于自卑感,我也是这样认为的。

**如果这样的领导要批评自己,那就请他们只谈工作范围内的事情。如果他们说的是对的,那就必须认真接受批评,努力干出好成果来。**

C:就算只谈工作的事情,要是领导说"我年轻的时候比这拼命多了",也会让人觉得一点都听不进去。而且,我不觉得这是好事,就好像自己的经验也应该套到别人身上似的。我也没法尊敬说这种话的领导。

**岸见一郎:**做企业培训的时候,我经常遇见这样的领导。很多人会把自己的个人经验说得像普遍经验一样。他们以此为傲:因为受到领导的批评才努力工作，才有了今天。

当我说自己提倡"不批评"的做法时，他们当中就会有很多人纠正我说："正因为受到领导的批评，才成就了我今天的地位。所以，你说的那些都不现实。"

然而我觉得，这都是那个人自己的想法，不能把它普遍化。而且听了对方的详细情况以后，我发现，原来和他同期的同事信心受到打击，换了工作。也就是说，因为优秀的人离开了，所以从结果上来看，留下来的人得到了晋升。不过我没有明说到这个份儿上。

**阿德勒认为，发火的目的是关键。目的之一是想要推行自己的主张。**周围的人会对一个发火的人感到害怕，因此按照这个人说的做。

**另一个目的是追求优越感。是想要夸耀自己更优越，或者说想被他人认为自己更优越。**

很多人会出于这样的目的而愤怒。

C：如果这样的人获得权力，会给在他手下工作的人添很多麻烦。比如说，跟这样的人交谈，对方也完全听不进去自己的主张。试图把自己的思维框架套到别人的观点上，也是同样的性质吗？

**岸见一郎：**这也是想让你听他的话。这不是想要教育员工，而是要把自己的想法或者意见强加到别人身上，强行让别人接受。

并不是因为自己的想法正确，才想要把它灌输给别人，而是要通过让别人接受自己的意见来夸耀自己的优秀，仅此而已。因此，以谁为对象都可以。

这也属于一种因向外界寻求自我价值而引起的悲剧。

C：也就是说，虽然被骂的是我，但这并不针对我，对吗？

**岸见一郎**：没错。不过，在领导看来，看似能力不足的人确实更容易成为目标。

回到刚才的话题，我们工作的时候，无论自己有几年经验，都必须把事情做得让所有人都无话可说。不过，这并不是为了在大家面前争口气，而是为了做贡献。

**C**：可是对我自己来说，工作已经做得非常好了……

**岸见一郎**："对自己来说""自己力所能及的范围内"是不行的，必须把自己从领导那里解放出来才行。

**C**：解放？这是什么意思？

**岸见一郎**：**只要你还在担心挨批评，或者观察领导的脸色等，就还是在受到领导的束缚。这样就还是在依靠领导。**

依靠父母的孩子，哪怕对父母心存厌恶，在父母受到批判的时候，也会说"他们也有好的地方"。虽然孩子受到批评时，留下了讨厌的回忆，但却认为这种行为是父母爱自己的表现，因此肯定父母的言行。这种硬让自己去理解父母的人，在自己成为父母以后，也会用同样的方式去批评自己的孩子。如果一个人接纳了职权骚扰这件事，那么当他自己成为领导以后，就会对员工做同样的事情。

**B**：但是，有时候领导说的也对。

**岸见一郎**：当然有对的时候，如果是仅限于工作的话。不过，"对"不是因为"是领导说的"，而是因为"这话是对的"，仅此而已。有的领导虽然很过分，但有时候也会说正确的话，不能因为这一点就认同领导的职权骚扰。

**B**：也就是说，想要得到领导的认可，是对领导的一种依赖吗？

**岸见一郎**：就是这样。得到领导认可的话会很高兴。然而，**我们不是为了得到领导的认可而工作**。得不到认可就认为自己没有价值，这种想法是不对的。

**C**：我到现在还没有打心底这样想过……

**岸见一郎**：没关系。首先要找到存在层面上的贡献感。然后，如果能在行为层面上做贡献，那就通过工作来贡献就好了。

**改变世界的第六十步**

不要依赖领导的评价，全力做好自己的工作。

# 真正的愤怒

**岸见一郎**：刚才我们提到"愤怒"这个话题。不管遇到了什么事情，都必须避免发怒。只不过，刚才我也说了，源于名誉心的愤怒是有必要的。**当自己的人权即将受到威胁，那就不可以保持沉默。不能有私愤，但必须要有公愤**。从这一层意思上来说，不是所有愤怒都应该排斥。

对眼前的人发泄的怒火是突发性的，非常单纯。这种愤怒不会超出当下的场合。三木清认为，从这层意义上来说，这种愤怒是精神层面上的。我和三木清不一样，并不赞同突发性的愤怒。

与此相对应的是，三木清反对憎恶。因为憎恶是习惯性的。也就是说，憎恶会发展成一种针对一切的感情。憎恶是不需要理由的。

仇恨言论就是这样的。仇恨言论不针对哪个特定的人，而是憎恶"这个国家的所有人"。不是憎恨某个自己交往过的人，而是憎恨不确定的人。

从这层意义上来说，愤怒也会变成习惯。如果一个领导不管员工做什么都对他们发火，那他的愤怒就变成了一种习惯。

在有些情况下确实必须发火，但感情用事的发火是有问题的。明明只要条理分明地反驳对方就好，没有必要感情用事。

如果对方不在场，也能持续感到针对这个人的愤怒，那这就不是愤怒，而是憎恶。

**A**：您为什么不赞同突发性的愤怒呢？感情用事不是不可避免的吗？

**岸见一郎**：前面我也说过，突发性的愤怒并不能解决问题。有人认为，如果表露出愤怒，对方就会心生恐惧，会无可奈何地接受自己的要求。在这种情况下就算对方听从了自己，也不是心甘情愿的。

就算产生了愤怒，也不代表可以发火。有人在冲动之下杀了人，却说这是因为他感到愤怒，没有办法，你也能赞同吗？

**A**：这的确没法赞同。所以，日积月累的愤怒就会变成憎恶吗？

**岸见一郎**：不，这是两回事。愤怒并不一定会变成憎恶。

**A**：那憎恶是怎么产生的呢？

**岸见一郎**：最初可能只是愤怒，是对某个人抱有不满或者负面的感情。但后来在自己心中逐渐形成了一个形象，变成了对这个形象抱有负面感情。

**C**：虚构的形象开始不受控制了是吧？

**岸见一郎**：有的领导会对员工抱有憎恶情绪。不管员工做什么，领导都觉得火大。员工对领导也会有同样的情况。

其实，对方可能并不像自己想的那样坏，但一旦心中的负面形象形成，那么从今以后，无论是在工作场合发生的事情，还是只打了个照面，都只会增强这种负面印象。**再看待这个人的时候，就只能从他身上找出有助于强化负面形象的因素。**

就像这样，持续认为这个人果然不行的话，就不能说是愤怒，而是憎恶了。

这样的想法会持续不断地涌现出来："都是因为这个人在，我才不能开心地工作。"但是，如果一个人能止步于愤怒这种仅限于当场的感情，那么在必要的情况下，他们可能会针对某种言论本身做出反驳，但决不会针对对方的人格产生"这人真讨厌"的想法。

因此，如果你的领导对你很过分，攻击你的人格，让你觉得讨厌，那么你也有可能在对领导做着同样的事情。

**员工也不应该攻击领导的人格。**领导针对每一件员工搞砸的事情，要求员工改进是理所当然的。如果领导的批评没有错，那就只能去接受，而且必须去努力改变。

被领导人身攻击是一件很讨厌的事情，比如被说"连这点事情都做不好"之类的。但实际上，员工对领导也在做同样的事情，这是不对的。因此，如果觉得领导这个人很讨厌，那就已经超出了愤怒的范围，而是憎恶了。

### 改变世界的第六十一步

不要混淆愤怒与憎恶。

# 人格不是固定的

**B**：也就是说，我们通常认为的"人格"不存在吗？人都是一个瞬间、一个瞬间地存在着吗？

**岸见一郎**：虽说时间是点状的，但要说过去不存在，也不是那么回事。过去的事情存在于我们的记忆里。未来的事情也存在于我们的思考中。严格来说，无论过去还是未来，都是"现在"的思考，它们都会对现在的自己产生影响。

不过，幸福才是首要目的。作为生活的准则，把时间当成一个一个的点来认知，才能更接近幸福。无论是为过去感到后悔，还是为将来感到不安，都不会让人变得幸福。

同理，人格当然也是存在的。从外表上来看，现在的自己比起小时候的自己多少有所改变，但两者之间也存在连续性。这是因为我们一直维持着自己的人格。因此，人格是存在的。

只不过，要想离幸福更近一步，就得**以一个人每个瞬间的言行为核心，必要情况下，仅仅指出"这不对劲"就好了**。不可以把一个人的人格当成问

**题来攻击。**

因此，哪怕你觉得领导很讨厌，但只要领导的批评没有错，我们就必须接受批评。

反过来也是一样，哪怕领导用的是威吓的方式、不容分说的语气，但只要他说的内容有问题，那我们就要好好进行反驳。

这样的应对方式不牵扯到领导的人格。如果仅仅关注领导说的话，那么平时和领导接触的时候，你可能会感觉更好些。

**不要关注这话是谁说的，而是要关注说的是什么。**这样一来，就算面对不可理喻的领导，因为领导的言行而心烦的情况也会变少。

**C：**用这种方式思考的话，会感觉到自己对他人的信赖范围也扩大了。

**岸见一郎：**人的"善性"始终是我们讨论的主题。从领导的立场上来说，如果跟一个人说什么都改变不了他，那领导就什么都不会说了。觉得"这人不行"，然后就没有然后了。

但是，只要领导还觉得员工有点希望，就会期待他再努力一下。领导的做法可能很过分，但只要相信他们是善良的，认识到他们是在通过某种形式认可自己，那可能就会对领导刮目相看了。

前面我们提到过"不是没有集中力而是有分散力"这样的看人方式。乍一看是缺点的，也能当成优点来看待。

请试试用这种方式看待领导。领导可能也恨不得员工忘记昨天的事情呢。如果员工一直耿耿于怀，一直怀恨在心，肯定也会让有些领导觉得很难对付。领导也会因此谨慎发言。

这并不是说，无论领导是什么态度，我们都应该接受。员工必须告诉领导，自己希望他们不要用哪些方式说话。比如："如果对我施压，我会觉得不愉快""如果这样对待我，我会丧失工作的热情，这样真的很难受""这样说真的让我很受伤""就不能好好跟我说吗"之类的。我认为表达这样的意见没有问题。

说不定领导根本就不知道员工的感受，只是根据自己的个人经验认定应该跟员工这样讲话罢了。

**如果领导说的是对的，员工就必须努力改善相应的行为。但如果领导说的不对，那就应该好好告诉领导。希望大家都有能指出领导错误的勇气。**

我希望年轻人能去改变世界。不要一直抱有自己做什么都没用，自己什么也做不了的无力感。

**改变世界的第六十二步**

不看说话对象，而看说话内容。

# 从这一刻起就能改变世界

**B：**现在，年轻人群体中很流行教人搞投资之类的来实现提前退休的书，大家很关注只做自己喜欢的事情，过游戏人生这样的活法。我身边也有不少对工作失去热情的人，我自己也老是产生再也不想工作了的想法。

**岸见一郎：**就算不工作，基本上也可以活下去。然而，我还是希望能工作的人去通过工作做贡献。

我认为，年轻人不想工作的责任在于年长者。因为年长者都一脸没劲地在工作，不是吗？

操劳一生，拼命工作，可能就能买得起属于自己的房子。然而，爸爸妈妈不顾一切地工作，看起来却一点也不幸福。如果孩子看着父母的样子这样想，那么他们可能就会变得不愿工作了。

然而，工作其实不是那样的。对于这一点，年轻人未来必须去亲身实践才行。

**工作并不是一件没劲的事情。工作不是为了成功，而是为了取得贡献感。**有的人就算想工作也没有办法工作，年轻人要是得了病，也可能出现身体没法自由活动的情况。

既然现在还能工作，那就不要以成功为目标，而是要通过工作为他人做贡献。如果能通过做贡献获得幸福，那么就多多以这种幸福为目标去工作吧。我希望大家能去追求为他人做贡献的工作方式和活法。

**不必效仿长辈的做法。年轻人的责任，就是去寻找新的工作方式和活法。**

这样一来，长辈看到年轻人的样子，意识到原来还可以这样生活之后，他们自己的价值观说不定也会发生改变。

在工作方式和活法这方面，年轻人缺少好的榜样。

现在有的年轻人因为没有工作而结束了自己的生命。在这种情况下，当然得先解决工作的问题才行，但我们必须去思考，对自己而言，什么才是幸福，应该采取怎样的工作方式和活法。

关于这些问题的提示，我们这一讲中一直在提及。面对严酷的现实，我不希望大家变得虚无。

**我希望年轻人可以明白，如果没有好的榜样，那就自己去创造好的榜样。我认为，这就是年轻人肩负的责任。**

**你们身上有力量，可以改变接下来的世界。**

**改变世界的第六十三步**

理想的活法，要靠自己亲身实践。

走出教学楼，只见外面是一片万里无云的蓝天。

抬头一望，鸟儿们在愉快地飞翔。

和煦的风吹过，树木摇摆，

花儿只管盛放，

太阳只管把大地照耀。

世界应该还没有发生任何改变，

但眼前的景象看起来却仿佛变了样。

不，不是这样。

其实，世界已经开始改变。

一个人的力量也很强大。

作为共同体一员的"我"，如果改变了想法，改变了活法，那外面的世界就不可能依然和从前一样。

我已经能感受到，这毫无疑问就是事实。

我向前迈出了一步，那步伐轻快，

充满了活下去的力量。

# 后记

因为我长年在大学之类的地方执教、做咨询，所以常和年轻人交流。我基本上可以算得上是年轻人的伙伴。如果有父母因为孩子的事情来咨询，我会告诉他们，就算没有父母的干涉，孩子也能自食其力地活下去，要是父母无论如何都想插嘴，那么只说"如果有什么我们帮得上忙的，一定要告诉我们"就好了。

然而，很多父母还是抵触这种做法，觉得这样做父母就没尽到自己应尽的义务。养育子女应该以培养自立为目标，父母只能帮助孩子在不依赖父母的情况下生活下去。但是，如果本来该由孩子自己解决的问题被父母代劳，孩子就会变得永远只能依靠父母生存。

实际上，姑且不论年幼的孩子，就连结束学业开始工作的年轻人，也还在依赖着父母。当然，年轻人大概不这么觉得，但对怎样生活这个问题，如果孩子还需要仰仗父母的判断，那实在谈不上是已经自立。

话虽如此，自立可不是一件简单的事情。活出自己的人生，也担负着巨大的责任，因为就算没能如愿过上想要的生活，也不能把这个结果怪罪到父母或者其他人头上。

尽管如此，我们也必须说"这是我的人生，因此我要自己决定"，如果父母说的不对，我们也必须把他们的错误指出来。

不仅是对父母这样，对社会上的常识、老师、职场上的领导，我们也不能不假思索地遵从，而是必须去怀疑。

三木清提到过"eccentricity"这个词（用来形容舍斯托夫[1]式的焦虑）。这个词通常用作贬义，表示"偏离正轨"或者"不寻常的性格或行为"等意思，但三木清在提到这个词的时候带有的是褒义。

三木清把这个词翻译为"离心性"，意思是"脱'离'中'心'"。

大多数人不抱任何疑问就接受的常识就是"中心"式的思维，然而这不是天然固有的思维，也不一定就是对的。脱离了中心思维，过着不同于他人的生活，就是离心性的生活。

当然，我们必须去检验，脱离中心思维的活法到底正不正确。从小就被父母和周围的成年人教导的、曾以为是常识的东西，绝不是理所当然的，很多人从明白这一点开始，从质疑常识开始，最终发现了人生或世界的真理。

此刻觉得活着好难的人也好，因为某些事情感到绝望的人也罢，也许只是偏离了"中心"。我希望这些人能鼓起勇气，让自己去过偏离中心的生活也没关系，和大家过不一样的人生也没关系。和年轻人交谈的时候，我强烈地想要告诉他们这一点。

通过这本书中和年轻人的对话，我首先要质疑的是，以成功为目标这

---

1　列夫·舍斯托夫（Lev Shestov，1866—1938），俄罗斯存在主义思想家和哲学家。"焦虑"是存在主义哲学中的一个常用概念。存在主义哲学家认为，人总是会出现"存在焦虑"，即面对无意义的人生或荒谬的世界时感到恐惧、困惑或迷失，因此致力于探索存在的意义、目的和价值等命题。舍斯托夫认为，绝望体验就是对确定性、自由和生活意义的丧失。

件事，以及在这个目标下的竞争行为。学习本身并没有问题。有问题的点在于，我们没必要和其他人竞争。我希望大家能明白，不是只有成功才能给自己带来价值。

其次，大家不必被过去束缚。在至今为止的人生中，有的人也许从没遇上过好事情。然而，事实真是如此吗？必须要回顾一下才行。有人回想起来的净是些痛苦的事情，那是因为痛苦的过去只能靠自己去面对，而这些人为了逃避这个人生课题，需要一个理由。不管经历过多么痛苦的事情，就算那些痛苦的事情造就了当下痛苦的人生，我们也没办法再回到那段过去。现在我们应该关注的，不是早就消失的过去，而是未来。

不过，这个未来不是"还未到来"，而是"并不存在"。很多人相信明天一定会到来，认为自己可以预见接下来的人生，因此对人生进行规划。然而，就算是年轻人也有可能随时病倒，随时丢掉工作。

就算此前从未感到不安，一旦今后经历过看不清人生前路的情况，就会产生被丢到狂风暴雨中的感觉。

尽管如此，也不能认为接下来没有一件好事，认为接下来只有盼不到头的苦日子，因此对生活不抱有任何希望，绝望地认为明天不会到来，这些都只不过是为了逃避人生课题而制造出的借口罢了。

的确，人生中会有一而再再而三的不如意。但只要不觉得无能为力，不去放弃，说不定就会获得希望。

敷衍眼前的今日，就是在白白浪费活着的喜悦。为此，我们的今天必须只为今天而活。

今天绝不是为了实现某种目标的彩排或准备阶段，而是正式演出。认真去做今天力所能及的事情，人或许就能走得很远。然而，人生的目的并不是走远，而是享受旅途。

如果能做到这一点，就会明白，无论是对自己还是对他人来说，活着这件事本身就已经令人喜悦。因为有了过程，最后有没有成就根本不重要。

肯定会有人觉得，看不清前路的人生令人感到不安。可大家难道不觉得，正因为预见不到未来，生活才令人兴奋吗？比如，出门旅行跟平时的通勤或上学路不一样，没有固定要去的地方和目的地，也可以偏离路线，混杂着不安与期待的心情，然而我们并不会因此就不出门旅行，不是吗？无论发生多么意想不到的事情，甚至是让旅行中断的事情，也是如此。

我向年轻人介绍的这种活法，现在看起来可能是偏离"中心"的，是非常反常识的。但我衷心希望，这种活法总有一天会变成"中心"思维。

之前有很多人听了我的话以后感到释怀。不过后来，也有很多人意识到我的要求相当苛刻，很难实践。没有一下子认同我的话也没关系。在一次次的迷茫中，在听懂了我的话却一次次反驳着"但是"的过程中，可能就会变得能理解一点点了。

这本书里写的问题，也是我自己年轻时曾经想问的。一旦认真听进去了，可能就回不到从前了。

本书的内容基于我和本书编辑筱原明日美女士在网络上进行的真实对话。多亏了她，我才弄懂了现在的年轻人都在烦恼些什么事情。感谢她耐心地听我说，并向我提出复杂的问题。

二〇二一年十二月

岸见一郎

扫描二维码，
即可收听本书！